Excelで解く
水処理技術

徳村 雅弘・川瀬 義矩 [共著]

東京電機大学出版局

○Microsoft, Windows, Office, Excel の名称は Microsoft 社の商標または登録商標です。

○本書に掲載された Excel ファイル, プログラムの著作権は, 本書の著作者に帰属します。

○本ファイルの使用による読者の計算機やソフトウェアなどの損傷, 事実上の損害など, ファイルの使用に関して読者に損害が発生した場合, 著作者および発行社はその責任を負いません。

はじめに

　人間が生きていくうえで水は欠かすことができない。その水は，石油や石炭などとは異なり，代替物のない有限な資源である。今や水はタダで手に入るものではなくなり，ウォータービジネスは水メジャーが出現するほどのビッグビジネスになっている。水に関連した仕事にかかわっているエンジニアの数も増えている。

　本書は，今やエンジニアの必需品である表計算ソフトExcelを使いながら，水処理の基礎を学ぶことを目的としている。Excelをほとんど使ったことのない人にも本書を利用できるように作ってある。本の進行に沿ってExcelの初歩からステップ・バイ・ステップで学べるように，丁寧に書いてある。数式の入力，グラフの作成，Excel関数の使い方から，収束計算のゴールシークとソルバー，数値積分，常微分方程式の解法まで，Excelの初心者の方にもわかりやすく説明してある。水処理技術を学ぶと同時にExcelの初歩（ゴールシーク，ソルバーを含む）が習得できるように構成されている。単位換算，濃度計算，pHの計算，物質収支，BOD，CODの水処理技術の基礎項目から，沈殿，凝集，ろ過，活性汚泥排水処理，吸着，イオン交換の水処理操作，さらに高度処理の膜分離，オゾン処理まで，Excelを使いながら自習できるように作られている。著者のホームページにアップロードされているExcelファイルをダウンロードして上手に利用していただきたい。本書を上手に使って，水処理のキャリアをステップアップしてください。

　本書を出版するにあたり，大変お世話になりました(株)工業調査会の一色和明氏ならびに辻亜弥子氏に心から感謝申し上げます。

2010年2月
著者

追　記

　本書は2010年に(株)工業調査会から刊行され，幸いにも多くの読者から愛用されてきました。このたび東京電機大学出版局から新たに刊行されることとなりました。本書が今後とも，読者の役に立つことを願っています。

2011年4月
著者

本書のご利用にあたって

本書の使い方

問題のファイルを開くと**図 0-1** のような画面が表示されます。ファイルには「問題」,「実習」,「解答」という名前のシートが含まれています。

1) 「問題」のシートには, 問題文が書かれています。
2) 「実習」のシートには, 問題を解くにあたって必要な定数や数値が与えられています。また, 問題の答えを導出する過程で, 算出しなければならない値を計算する式を入力するセルが用意されています。それらのセルで, 順番に値を計算していくことにより答えを導けるようになっています。
3) 「解答」のシートには, 問題の解答が入力されています。「実習」のシートを用いて自習し, 答えがわからなかった場合や解答の確認に用いてください。

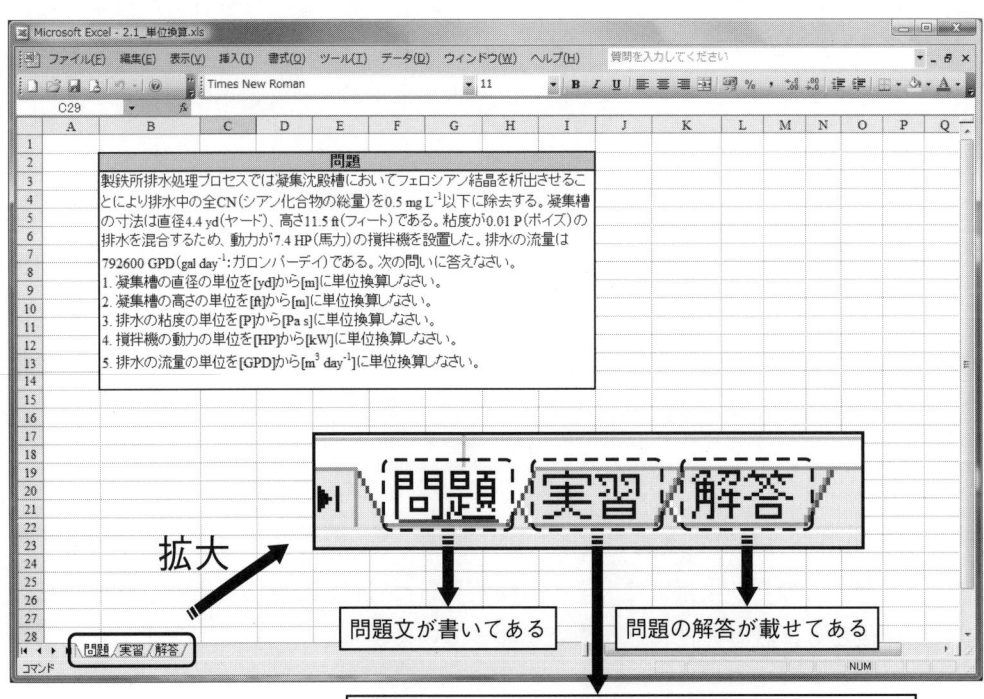

図 0-1　問題実習の Excel ファイルの説明

ファイルのダウンロードについて

　本書の問題の Excel のファイルは，著者のホームページに掲載されています。http://www.eng.toyo.ac.jp/appchem/Kawase/ にアクセスし，ファイルをダウンロードして使用してください（東京電機大学出版局のホームページ http://www.tdupress.jp/ からもアクセスできます）。ファイルには，実習用のシートと解答のシートが用意されています。読者自身で実習シートを使って問題を解いてみてください。解答のシートで自己の解答と解き方をチェックできます。

Office 2003 と Office 2007 について

　本書では，Windows XP と Office 2003 を使用しています。ホームページに掲載されている Excel ファイルは，Windows 7, Windows Vista, Office 2007 でも使うことができます。Excel 2007 と Excel 2003 の設定や操作などの違いについては，Word で作成した解説のファイルをホームページに掲載してありますので，それを読んでください。また，Excel 2007 および Excel 2003 のバグについても掲載されていますので，参考にしてください。

本書における計算について

　本書に書かれている式の計算はすべて電卓ではなく Excel で行いました。そのため，細かい計算が必要な問題（例えば，第4章 物質収支　問題4.1）では，文章中の数字（四捨五入したもの）を使い電卓で計算した結果と，Excel による解とが異なることがあります。この場合，Excel の結果の方がより正確な答えです。この点に注意して実習してください。

VBA について

　本書では，Excel 上でプログラミングができる Visual Basic for Application（VBA）については，内容が高度になるため使用していません。VBA に関心のある読者の方は，実用的な装置設計のプログラムが高度のものを含めて数多く載っている『Excel で学ぶ化学工学』（吉川英見・川瀬義矩，化学工業社，2005）などを参照してください。

目　　次

はじめに　　　1
本書のご利用にあたって＊　　　2
目次　　　4
水処理技術と本書の構成　　　8
水処理の技術　　　9
工場排水の水質　　　10

＊Excelファイルのダウンロードについてはp.3を参照

第1章　単位換算の計算 ［数式の入力］　　　11

1.1　単位換算 …………………………………………………………… 11
1.2　接頭語 …………………………………………………………… 17
資料・解説 …………………………………………………………… 19

第2章　濃度計算 ［ゴールシーク］　　　21

2.1　濃度の単位 …………………………………………………… 21
2.2　ppm …………………………………………………………… 21
2.3　溶液調製 …………………………………………………… 29
資料・解説 …………………………………………………………… 32

第3章　pHの計算 ［オートフィル，Excel関数］　　　33

3.1　酸性水溶液のpH …………………………………………… 33
3.2　アルカリ性水溶液のpH ……………………………………… 33
3.3　弱酸のpH …………………………………………………… 34
3.4　緩衝溶液 …………………………………………………… 35
資料・解説 …………………………………………………………… 44

第4章　物質収支　　　45

4.1　物質収支式 …………………………………………………… 45
資料・解説 …………………………………………………………… 48

第 5 章　BOD　　　　49

5.1　BOD の定義 …………………………………………………………………… 49
5.2　工場排水の BOD ……………………………………………………………… 49
資料・解説 ……………………………………………………………………………… 52

第 6 章　COD　　　　53

6.1　COD の定義 …………………………………………………………………… 53
6.2　理論 COD 値 …………………………………………………………………… 53
資料・解説 ……………………………………………………………………………… 57

第 7 章　沈澱・凝集　　　　59

7.1　沈澱 ……………………………………………………………………………… 59
7.2　溶解・飽和濃度 ……………………………………………………………… 59
7.3　溶解度積 ……………………………………………………………………… 59
7.4　凝集処理 ……………………………………………………………………… 62
7.5　G 値 …………………………………………………………………………… 64
資料・解説 ……………………………………………………………………………… 69

第 8 章　沈降分離　　　　71

8.1　沈降分離 ……………………………………………………………………… 71
8.2　理想的水平流型重力沈降装置 ……………………………………………… 74
資料・解説 ……………………………………………………………………………… 78

第 9 章　ろ過［グラフの作成，近似曲線の追加］　　　　79

9.1　ろ過の原理 …………………………………………………………………… 79
9.2　Ruth の定圧ろ過式 …………………………………………………………… 80
資料・解説 ……………………………………………………………………………… 100

目　次

第 10 章　活性汚泥排水処理　　　101

10.1　活性汚泥法 ·· *101*
10.2　余剰汚泥 ·· *102*
10.3　活性汚泥法でよく使われる用語 ·· *102*
　資料・解説 ··· *106*

第 11 章　吸着［ソルバー］　　　107

11.1　吸着の原理 ·· *107*
11.2　吸着平衡 ·· *107*
11.3　ラングミュア式 ·· *109*
11.4　等温吸着線のパラメーター（ソルバーによる解法）··············· *116*
　資料・解説 ··· *124*

第 12 章　イオン交換［数値積分］　　　125

12.1　イオン交換の原理 ··· *125*
12.2　イオン交換装置の設計 ··· *126*
　資料・解説 ··· *132*

第 13 章　膜分離　　　135

13.1　膜分離の原理 ··· *135*
13.2　膜分離性能 ·· *137*
13.3　逆浸透膜 ·· *138*
13.4　海水淡水化逆浸透膜モジュール ····································· *138*
13.5　膜分離法の問題点 ··· *140*

第 14 章　オゾン処理法［常微分方程式の解法］　　　145

14.1　オゾン処理法 ··· *145*
14.2　高度浄水処理技術 ··· *145*
14.3　オゾン酸化分解反応 ·· *146*
14.4　オゾン酸化分解反応のシミュレーション ························· *148*

資料・解説 ··· *152*

付録-1　水道水質基準　　*153*

付録-2　排水の水質基準　　*155*

索引　　*156*

水処理技術と本書の構成

表 0-1　水処理技術と本書の章

処理法			処理対象項目	本書の章
物理化学的処理	固液分離	沈降分離	汚泥, SS, 色度, リン, BOD, COD, TOC	第7章, 第8章（第1章）
		浮上分離	SS, 油分, BOD, COD, TOC	
		ろ過	SS, 濁度, 汚泥	第9章
		遠心分離	汚泥	
	中和, pH調整		pH	第3章（第7章）
	酸化（オゾン, 紫外線など）		BOD, COD, TOC, 色度	第14章（第2章, 第4章）
	吸着		BOD, COD, TOC, 色度	第11章
	膜分離		SS, BOD, COD, TOC, 濁度, 色度, イオン	第13章
	イオン交換		イオン	第12章
生物化学的処理	好気性処理	活性汚泥法, 生物膜法	BOD, COD, TOC, 色度	第10章
	嫌気／好気	生物学的硝化脱窒法	窒素, リン	
	嫌気性処理	メタン発酵法	BOD, COD, TOC	
ハイブリッド	好気性処理＋凝集沈澱処理		SS, BOD, COD, TOC, 濁度, 色度, リン	
	好気性処理＋膜分離		SS, BOD, COD, TOC, 濁度, 色度, リン	

SS（懸濁物質）（第4章）
COD（化学的酸素要求量）（第6章, 第14章）
BOD（生物化学的酸素要求量）（第5章, 第1章, 第10章）
TOC（全有機炭素）

（中野　淳, 紙パ技協誌, 58, 1366 (2004) を参考に作成）

■ 水処理の技術 ■

表 0-2　水の種類による処理技術

処理技術／処理水の種類	活性汚泥	浮上分離	pH調整	凝集沈殿	砂ろ過	吸着	イオン交換	塩素殺菌	紫外線殺菌	膜分離	促進酸化	ストリッピング	電気分解
用水処理													
超純水			○	○	○	○	○	○	○	○		○	
純水			○	○	○	○	○	○	○	○		○	
医療用水			○	○	○	○	○	○	○	○			○
飲料水			○	○	○	○	○	○	○	○	○		
工業用水			○	○	○	○		○		○		○	
排水処理													
含油分排水		○	○	○	○	○				○			
懸濁物含有排水	○	○	○	○	○					○			
有機物含有排水	○	○	○	○	○				○	○			
重金属含有排水		○	○	○	○		○						
シアン排水			○	○			○						
クロム排水			○	○			○						

表 0-3　汚染物質のタイプによる処理技術

処理技術／汚染物質の種類	スクリーン	凝集沈殿	ろ過	浮上分離	ストリッピング	生物処理	吸着	イオン交換	塩素酸化	紫外線	膜分離	促進酸化
浮遊物質	○	○	○	○								
生物分解性有機物質						○						
揮発性有機物質					○	○						
病原体									○	○		○
栄養塩（窒素）					○	○		○				
栄養塩（リン）		○				○						
難分解性有機物質							○					○
重金属		○						○				
溶存性有機物質							○				○	

（Metcalf & Eddy, Inc., "Wastewater Engineering", McGraw–Hill（2003）などから作成）

工場排水の水質

表0-4 工場排水の性質

水質の項目 工場	pH	SS	BOD	COD	油分	窒素化合物	フェノール	シアン	クロム	鉄	その他の重金属	塩素	硫化物	臭気	色
パルプ・製紙	○	◎	◎	◎								○		○	○
繊維・染色	◎	○	◎	◎		○					○	○	○	○	○
食品	○	○	◎	○		○								○	
石油・化学	◎	○	○	○	○									○	◎
機械		○	○	○				○	○						○
めっき・塗装	○	○						○	○		○				○
製鉄・非鉄	○	◎			◎					◎	○				○

(◎：濃度がかなり高い，○：濃度は高くない)

pH　　　　：酸性とアルカリ性の度合いの指標（第3章）
SS　　　　：懸濁物質（第4，7，10章）
BOD　　　：生物化学的酸素要求量（第5章）
COD　　　：化学的酸素要求量（第6章）
油　　分　：（油水分離装置など）
窒素化合物：化学肥料，し尿などに起因し富栄養化の原因となる（生物膜法，アンモニアストリッピング法など）
フェノール：（吸着，促進酸化法，回転円板生物膜法など。第11章）
シ　ア　ン：メッキ工場などから排出されシアン化合物が体内に取り込まれるとシアン化水素（HCN）を生成し，呼吸障害を引き起こす（アルカリ塩素法，凝集沈澱法など。第1，7章）
ク　ロ　ム：6価クロム（アルカリ性下ではCrO_4^{2-}，酸性下では$Cr_2O_7^{2-}$として存在）は，電気メッキ，電解研磨，アルマイトなどの工場排水に含まれる有害物質である（凝集沈澱法，イオン交換など。第7，12章）
鉄　　　　：（エアレーション，pH調整，鉄バクテリア法など。第3章）
その他の重金属：カドミウム，ニッケル，亜鉛など（pH調整，アルカリ凝集沈澱法，金属置換法など。第3，7章）
塩　　素　：漂白工程などから排出（塩素の代わりにオゾンを使用するなど最近は塩素を使わないようになっている）
硫　化　物：（砂ろ過など。第9章）
臭　　気　：フェノール，ジェオスミン，2-メチルイソボルネオールなどが悪臭原因物質（吸着法，燃焼法，ストリッピング，塩素処理，オゾン処理など。第11，14章）
色　　　　：溶解性物質やコロイド状物質が呈する類黄色～黄褐色（凝集処理法，吸着法，オゾン処理など。第7，11，14章）

（番号は水質の項目に関連した本書の章を表す）

第1章

単位換算の計算［数式の入力］

1.1　単位換算

　SI単位という国際標準の単位が存在するものの，SI単位系ではない単位系が現在でもよく使用されている。**表1-1**に，非SI単位とSI単位との関係の例を示す。

表1-1　非SI単位とSI単位との換算表（例）

1 yd（ヤード）	＝0.91 m
1 ft（フィート）	＝0.3048 m
1 P（ポイズ）	＝0.1 Pa s
1 HP（ホースパワー）	＝0.745 kW
1 GPD（ガロンパーデイ）	＝0.003785 m^3 day^{-1}

問題 1.1　凝集沈澱槽の仕様

　製鉄所排水処理プロセスでは，凝集沈澱槽（第7章を参照）においてフェロシアン結晶を析出させることにより，排水中の全CN（シアン化合物の総量）を 0.5 mg L^{-1} 以下に除去する。凝集槽の寸法は直径 4.4 yd，高さ 11.5 ft である。粘度が 0.01 P の排水を混合するため，動力が 7.4 HP の撹拌機を設置した。排水の流量は 792,600 GPD（gal day^{-1}）である。次の問いに答えなさい。

1）凝集槽の直径の単位を[yd]から[m]に単位換算しなさい。
2）凝集槽の高さの単位を[ft]から[m]に単位換算しなさい。
3）排水の粘度の単位を[P]から[Pa s]に単位換算しなさい。
4）撹拌機の動力の単位を[HP]から[kW]に単位換算しなさい。

1 単位換算の計算 ［数式の入力］

5）排水の流量の単位を［GPD］から［m³ day⁻¹］に単位換算しなさい。

解　説

1）表 1–1 より 1 yd は 0.91 m である。凝集槽の直径 4.4 yd は，

$$4.4\ \text{yd} = 4.4\ \text{yd}\ \underline{\underline{\frac{0.91\ \text{m}}{1\ \text{yd}}}} = 4.0\ \text{m} \tag{1.1}$$

と単位換算できる。式(1.1)の下線＿＿が引いてある部分は，0.91 m と 1 yd が等価（0.91 m＝1 yd）であるため「1」となる。そのため，もとの値に「1」を掛けただけなので，4.4 yd と 4.0 m は等価（4.4 yd＝4.0 m）であり，単位換算できたことになる。

2）表 1–1 より 1 ft は 0.3048 m である。凝集槽の高さ 11.5 ft は，

$$11.5\ \text{ft} = 11.5\ \text{ft}\ \underline{\underline{\frac{0.3048\ \text{m}}{1\ \text{ft}}}} = 3.5\ \text{m} \tag{1.2}$$

と単位換算できる。式(1.1)と同様に式(1.2)の下線＿＿が引いてある部分は「1」である。

3）表 1–1 より 1 P は 0.1 Pa s である。排水の粘度 0.01 P は，

$$0.01\ \text{P} = 0.01\ \text{P}\ \underline{\underline{\frac{0.1\ \text{Pa s}}{1\ \text{P}}}} = 0.001\ \text{Pa s} \tag{1.3}$$

と単位換算できる。式(1.1)と同様に式(1.3)の下線＿＿が引いてある部分は「1」である。

4）表 1–1 より 1 HP は 0.745 kW である。撹拌機の動力 7.4 HP は，

$$7.4\ \text{HP} = 7.4\ \text{HP}\ \underline{\underline{\frac{0.745\ \text{kW}}{1\ \text{HP}}}} = 5.5\ \text{kW} \tag{1.4}$$

と単位換算できる。式(1.1)と同様に式(1.4)の下線＿＿が引いてある部分は「1」である。

5）表 1–1 より 1 GPD は 0.003785 m³ day⁻¹ である。排水の流量 792,600 GPD は，

$$792{,}600\ \text{GPD} = 792{,}600\ \text{GPD}\ \underline{\underline{\frac{0.003785\ \text{m}^3\ \text{day}^{-1}}{1\ \text{GPD}}}} = 3{,}000\ \text{m}^3\ \text{day}^{-1} \tag{1.5}$$

と単位換算できる。式(1.1)と同様に式(1.5)の下線＿＿が引いてある部分は「1」である。

Excel による計算

① 「実習」のシートを開くと**図 1–1** に示す画面が表示される。Excel ではセルの位置を特定するため，「セル［F 13］」のように，セルの列番号と行番号を組み合

わせて表示する。セル[F13]は，図1-1で赤い点線で囲まれ，黒く縁取られているセルの位置であり，「F列の13行目のセル」という意味をもつ。

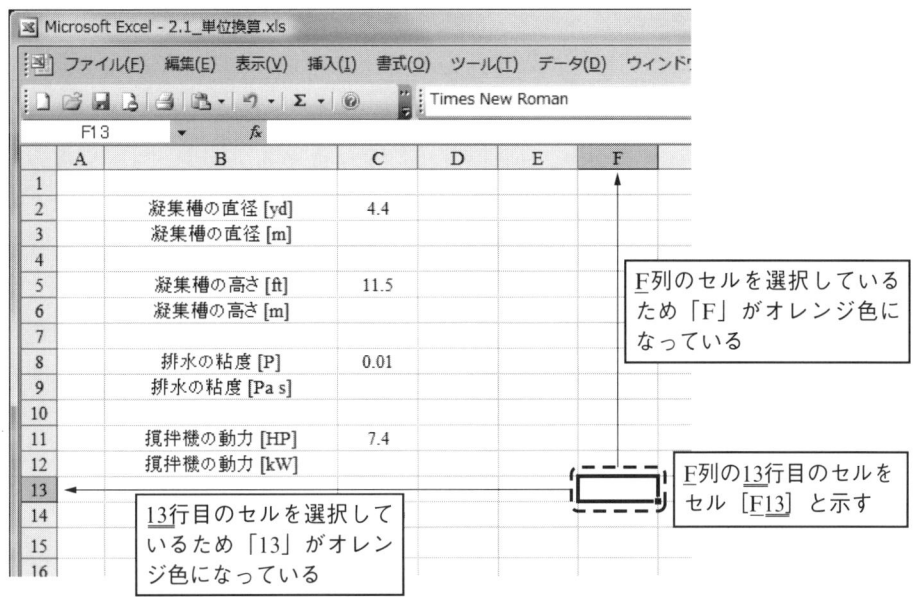

図1-1 実習のシート

② セル[C2]からセル[C15]（以後セル[C2-C15]のように記す）に，問題文で与えられている数値が入力されているセルと，問題の答えを計算するためのセルが用意されている。

③ 凝集槽の直径の単位を，[yd]から[m]に単位換算した答えを計算するセル[C3]にマウスカーソルを移動させ，クリックするとそのセルを選択できる。選択したセル[C3]の周りが黒く縁取られる。ダブルクリックをすると「入力モード」（セルに数値や文字を入力できる状態）になる。「入力モード」になると，セルの中に点滅する縦線が表示される（図1-2）。数値や文字を入力し終わったら，キーボード上の「エンターキー（Enterキー）」を押すと，入力した数値や文字がセルに入力され，「入力モード」が終了する。「入力モード」の時に，キーボード上の左上にある「エスケープキー（Escキー）」を押すことにより，入力をキャンセルできる。

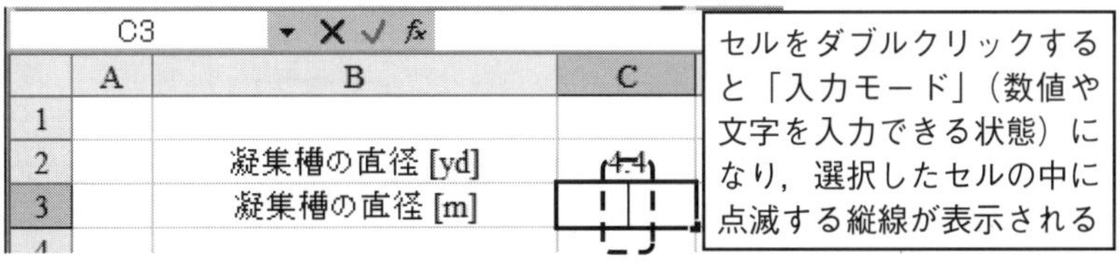

図1-2 セルの選択と入力モード

1 単位換算の計算 ［数式の入力］

④ 「入力モード」の時に，最初に半角文字で「＝（イコール)」を入力すると，「数式入力モード」(数式を入力できる状態) になる。「数式入力モード」において英数字（数式）を入力する場合，「全角」の文字ではなく，すべて「半角」で入力する。「入力モード」と「数式入力モード」の違いは，「入力モード」では「1+1」と入力しても，セルには「1+1」としか表示されないが，「＝」を入力した後（「数式入力モード」中）に「1+1」を入力（つまり「＝1+1」と入力）すると，セルには計算結果の「2」が表示される（図1-3参照）。「入力モード」では，「1+1」と数式のつもりで入力しても，文字としてセルに入力され（計算されない），入力した文字はセルに左側詰めで表示される。「数式入力モード」では，「1+1」と入力すると数式として認識され，計算結果が右詰めで表示される。数式入力モードで文字を入力したい場合には，「"」と「"」の間に文字を入力しないと，エラーが表示される（図1-4）。

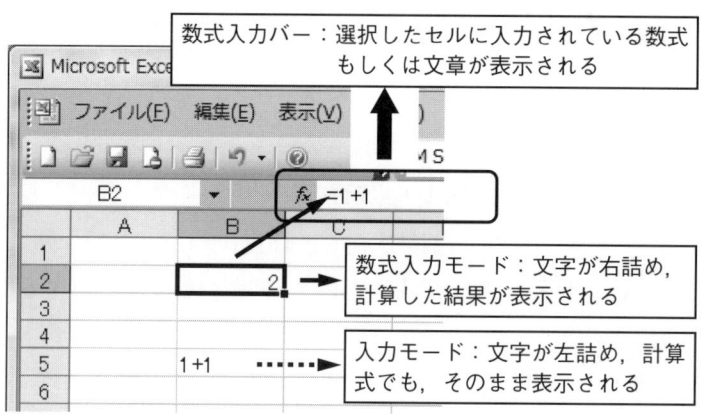

図1-3 入力モードと数式入力モードの違い

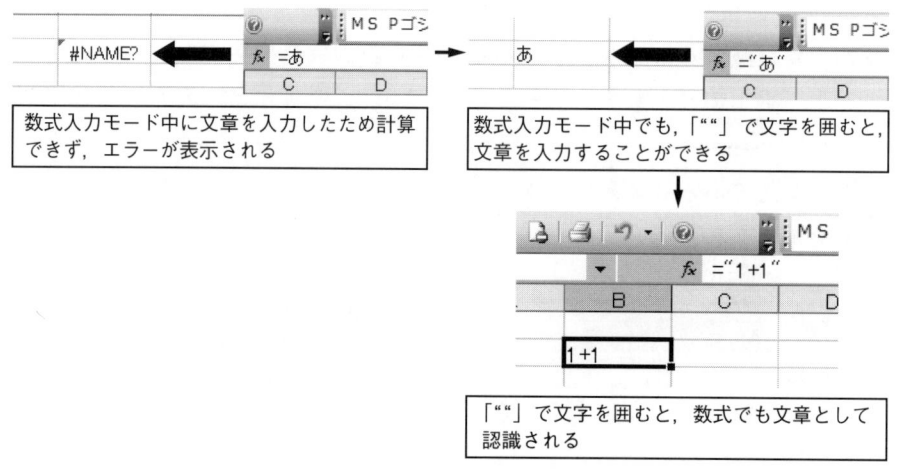

図1-4 数式入力モードでの文字の入力

⑤ セル[C3]に，凝集槽直径の単位を[yd]から[m]に単位換算するための式(1.1)を入力する。このとき，単位換算前の値である「4.4」は，「4.4」と数値を入力するのではなく，セル[C2]に入力されている数値を参照する。「数式入力モード」中に，選択しているセル（この場合はセル[C3]）ではないほかのセル，例えばセル[C2]をクリックすることにより，そのセル（セル[C2]）の値を参照することができる。数式入力バーには，セル[C2]の値の「4.4」ではなく「＝C2」とセルの参照先のみが表示されるが，実際の計算ではセル[C2]に入力されている「4.4」の数値が用いられる（**図1-5**参照）。「4.4」という数値を直接入力せずに，値の入っているセルを参照していると，セル[C2]の値を変化させるだけで，参照先のセル[C3]の値も自動的に再計算される。セル[C3]に「＝C2*0.91」を入力する。Excel上での計算では，掛け算をするためには「*」の記号を用い，割り算をするためには「/」の記号を用いる。

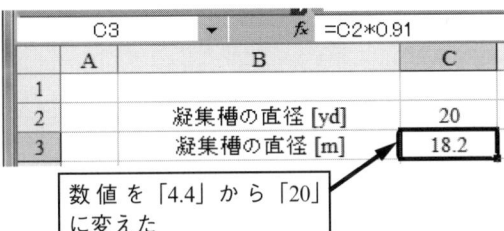

図1-5 セルの参照

⑥ **図1-6**に示すように，セル[C3]に「4.004」という計算結果が表示される。

1 単位換算の計算［数式の入力］

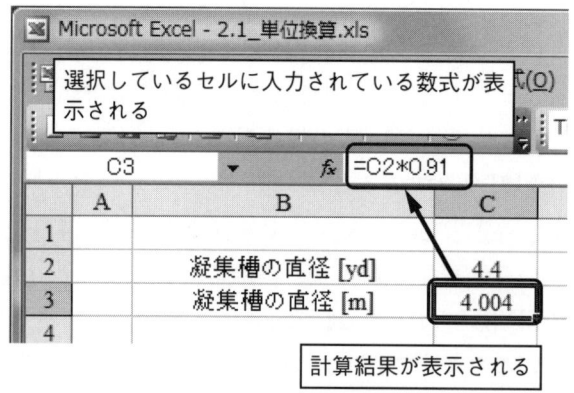

図1-6 計算結果の表示

⑦ セル［C 6］に凝集槽高さの単位を［ft］から［m］に単位換算するための式(1.2)「＝C 5*0.3048」を入力する。

⑧ セル［C 9］に排水の粘度の単位を［P］から［Pa s］に単位換算するための式(1.3)「＝C 8*0.1」を入力する。

⑨ セル［C 12］に撹拌機動力の単位を［HP］から［kW］に単位換算するための式(1.4)「＝C 11*0.745」を入力する。

⑩ セル［C 15］に排水流量の単位を［GPD］から［$m^3 day^{-1}$］に単位換算するための式(1.5)「＝C 14*0.003785」を入力する。

⑪ 図1-7に問題1の解答を示す。

	A	B	C
1			
2		凝集槽の直径 [yd]	4.4
3		凝集槽の直径 [m]	4.004
4			
5		凝集槽の高さ [ft]	11.5
6		凝集槽の高さ [m]	3.5052
7			
8		排水の粘度 [P]	0.01
9		排水の粘度 [Pa s]	0.001
10			
11		撹拌機の動力 [HP]	7.4
12		撹拌機の動力 [kW]	5.513
13			
14		排水量 [GPD]	792600
15		排水量 [$m^3 day^{-1}$]	2999.991
16			

図1-7 問題1.1の解答

1.2 接頭語

接頭語とは，単位（「m：メートル」や「g：グラム」など）の前についている記号で，10の累乗倍の数を表す。よく使う接頭語を**表1-2**に示す。

表1-2 よく使う接頭語

記号	T	G	M	k	h	d	c	m	μ	n	p
読み	テラ	ギガ	メガ	キロ	ヘクト	デシ	センチ	ミリ	マイクロ	ナノ	ピコ
値	10^{12}	10^9	10^6	10^3	10^2	10^{-1}	10^{-2}	10^{-3}	10^{-6}	10^{-9}	10^{-12}

問題1.2 排水処理装置のBOD

半導体工場から流量 $625 \text{ m}^3 \text{ day}^{-1}$ の排水が流出している。排水にはイソプロピルアルコールやメタノールなどのBOD源（BODについては第5章 BODで説明する）が含まれていて，排水のBOD値は 361 mg L^{-1} である。工場内の排水処理装置によりBOD値を 10 mg L^{-1} にする。排水処理装置が1日当たり除去しているBODの量 $[\text{kg day}^{-1}]$ を求めなさい。

解説

排水処理により，排水のBOD値は 361 mg L^{-1} から 10 mg L^{-1} に減少する。この時のBODの濃度変化は，$(361-10)=351 \text{ mg L}^{-1}$ である。つまり，排水1L当たり351 mgのBODを除去したことになる。排水は流量 $625 \text{ m}^3 \text{ day}^{-1}$ で排水処理装置に流入しているので，1日当たり 625 m^3 の排水を処理している。1Lは 1 dm^3 である。「d：デシ」は「10^{-1}」を意味する接頭語（表1-2）なので，625 m^3 をLに換算すると，

$$625 \text{ m}^3 = 625 \times \underline{10^3 \times 10^{-3}} \text{ m}^3 = 625 \times 10^3 \times (\underline{10^{-1}} \text{ m})^3$$
$$= 625 \times 10^3 \text{ dm}^3 = 625{,}000 \text{ L} \tag{1.6}$$

となる。式(1.6)の下線＿の引いてある「$10^3 \times 10^{-3}$」は「1」であるため，式に乗じても値は変化しない。下線＿＿が引いてある「10^{-1}」は，表1-2から「d」で表すことができる。ここで注意することは，dm^3 はdmの3乗の意味であり，m^3 の1/10ではないことである。

以上より，排水処理装置が1日当たりに処理するBODの量は，

$$625{,}000 \text{ L} \times 351 \text{ mg L}^{-1} = 219{,}375{,}000 \text{ mg} = 219{,}375{,}000$$
$$\times \underline{10^{-3}} \times \underline{10^{-3} \times 10^3} \text{ g} = 219.4 \text{ kg} \tag{1.7}$$

となる。表1-2より「m：ミリ」は「10^{-3}」を表すので，式(1.2)の下線＿の「mg」の「m」を「10^{-3}」に書き換え，下線＿＿は先ほどと同様に「1」となるため，式に乗じて

1 単位換算の計算［数式の入力］

も値は変化しない。表1-2より「10^3」は「k：キロ」であるため，書き換えると219.4 kg という解が得られる。

以上の計算をまとめると，1日当たりの排水処理装置のBOD除去量 E_{BOD} は次のようになる。

$$E_{BOD} = 625 \text{ m}^3 \text{ day}^{-1} \times \underline{\frac{1,000 \text{ L}}{1 \text{ m}^3}} \times (361 \text{ mg L}^{-1} - 10 \text{ mg L}^{-1}) \times \underline{\underline{\frac{1 \text{ kg}}{10^6 \text{ mg}}}}$$
$$= 219.4 \text{ kg day}^{-1} \tag{1.8}$$

式(1.8)の下線＿は上で計算したように，「1,000 L」と「1 m³」は等しいので「1,000 L/1 m³」が「1」となるため，式に乗じても値は変化しない。同様に，下線＝も「1 kg」と「10⁶ mg」は等価であるため「1」となる。

Excelによる計算

① セル［C 6］に1日当たりに処理するBOD量（BODの除去速度）を求めるための式(1.8)「＝C 2*(C 3−C 4)*1000*10＾−6」を入力する。Excel上での計算では，累乗の計算には「＾：ハット」，マイナスには引き算と同じ記号である「−」を用いる。例えば「10＾−6」と入力すると，「10^{-6}」を意味する。入力例を**図1-8**に示す。

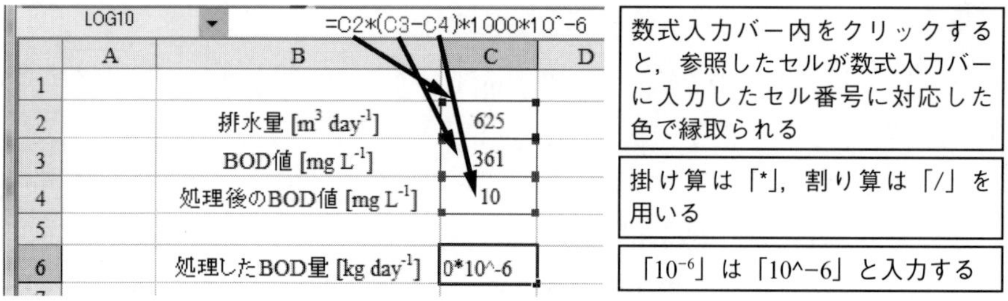

図1-8 数式の入力

数式入力バー内をクリックすると，参照したセルが数式入力バーに入力したセル番号に対応した色で縁取られる

掛け算は「*」，割り算は「/」を用いる

「10^{-6}」は「10＾−6」と入力する

② 問題の解答を**図1-9**に示す。

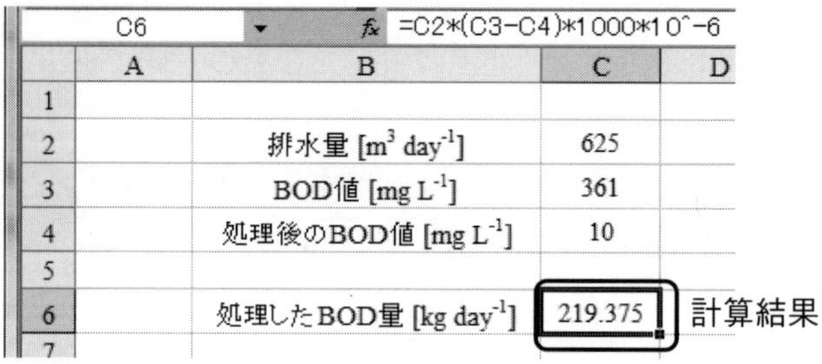

計算結果

図1-9 問題1.2の解答

③ 排水量，処理前のBOD値，処理後のBOD値を入力する際に，それぞれの値が入力されているセルを参照したため，それらのセルの数値を変えることにより，処理したBOD量（BODの除去速度）を自動的に求めることができる。例えば，排水の流量が800 m³ day⁻¹に増加した場合，セル[C2]の排水量の値を「800」に変えると，自動的に再計算され，セル[C6]に「280.8」と表示される。

資料・解説

■工場排水の例

	自動車製造工場（塗装：電着）	製鉄所（プロセス排水）	製油所	トマト缶詰工場	ビール製造工場	毛染色工場
水量 [m³ day]	143	1,000		4,160~22,330		
pH	6~8	8~9	5~10	7.2~8.0	4~12	5.9
SS [ppm]	100	100	50~200	6~80	300	
BOD [ppm]	2,000		50~150	460~1,100	1,400	170
COD [ppm]	2,000	3,500	100~300		2,000	1,240
n-ヘキサン [ppm]	20	100				
全 CN [ppm]		30				
T-P [ppm]				1.5~7.4	6	
T-N [ppm]	20	300		0.4~5.6	30	54
Fe（鉄）[ppm]	5					
Mn（マンガン）[ppm]	3					
フェノール [ppm]	5~10	2,500				

pH（第3章），SS（第10章），BOD（第5章），COD（第6章），全CN：全シアン，T-P：全リン，T-N：全窒素（無機性窒素と有機性窒素の総量）

（Metcalf & Eddy, Inc. "Wastewater Engineering", McGraw-Hill（2003），和田洋六『実務に役立つ水処理の要点』，工業調査会（2008）などのデータから作成）

資料・解説

■シアン排水

メッキ工場，鉄鋼熱処理工場などから有毒なシアンを含む排水が排出される。シアン化合物が体内に取り込まれるとシアン化水素（HCN）を生成し，呼吸障害を引き起こす。鉄シアン錯塩であるフェロシアン $[Fe(CN)_6]^{4-}$ は還元状態（pH 8〜10）で Cu^{2+}，Zn^{2+}（実際のシアン排水に含まれている）などが共存すると不溶性塩を形成する（吉村二三隆，『これでわかる水処理技術』，工業調査会(2002) を参照）。

■典型的な排水処理プロセス：活性汚泥排水処理

活性汚泥による排水処理（第10章を参照）の典型的なプロセスは下図のような構成である。

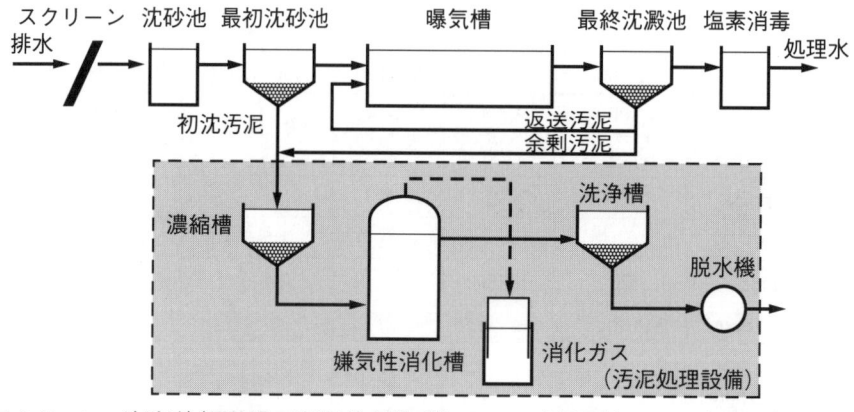

〈スクリーン・沈砂池〉
・夾雑物の除去
・土砂の除去

〈調整槽・沈澱池〉
・流入量の均一化
・濃度の均一化
・腐敗防止
・浮遊物の除去

〈曝気槽〉
・排水と活性汚泥の混合
・酸素の供給
・活性汚泥による吸着，酸化

〈沈澱池〉
・活性汚泥と処理水の分離
・処理水の越流
・沈澱汚泥の返送

〈消毒槽〉
・処理水の消毒

〈汚泥処理設備〉
・濃縮，貯留
・脱水，乾燥，焼却

（川瀬義矩，『水の役割と機能化』，工業調査会(2007)）

第2章

濃度計算 [ゴールシーク]

2.1 濃度の単位

濃度の単位としては，[mol L^{-1}]，[mg L^{-1}]のほかに，[ppm]，[ppb]などの無次元の単位も水処理の分野ではよく使われる。

2.2 ppm

ppm は「parts per million」の頭文字をとった単位で，100万分の1（10^{-6}）の値を意味する。割合を表すこの単位は%（パーセント）と似た意味をもつ（%は100分の1（10^{-2}）の値を意味する）。

通常よく用いられる濃度の次元は（質量／体積）[kg m^{-3}]の次元を持っているが，ppm には次元がない。次元をなくすためには次の2通りの方法がある。

① 体積[m^3]を質量[kg]に変換し，（質量／質量）[kg kg^{-1}]という形で次元を消す。
② 質量[kg]を体積[m^3]に変換し，（体積／体積）[m^3 m^{-3}]という形で次元を消す。

以上の方法で濃度を無次元化することができるが，無次元化の方法により数値が異なるため，①と②のどちらの方法で無次元化したかを注意する必要がある。区別のため，①の方法で無次元化した ppm を ppm$_m$ と表し，②の方法で無次元化した ppm を ppm$_v$ と表す。ここで，添字の「m」と「v」はそれぞれ mass（質量）と volume（体積）を表し，どちらの次元に揃えて無次元化したかを示す。一般に，溶液の濃度で ppm が使われていた場合は ppm$_m$ を表し，気体の濃度で使われていた場合には ppm$_v$ を表す。

ちなみに，ppm$_m$＝mg L^{-1} の関係は，1 L の溶媒（一般的には水）が 1 kg である

2 濃度計算 ［ゴールシーク］

（液密度 $\rho_l = 1\ \text{kg L}^{-1} = 1{,}000\ \text{kg m}^{-3}$）という仮定のもとに換算されている．式(2.1)に mg L^{-1} から ppm_m への換算例を示す．

$$1\ \text{mg L}^{-1} = \frac{1\ \text{mg}}{1\ \text{L}} = \frac{1\ \text{mg}}{1\ \text{kg}} = \frac{10^{-3}\text{g}}{10^3\text{g}} = 1 \times \underline{\underline{10^{-6}}} = 1\ \text{ppm}_m \tag{2.1}$$

式(2.1)において下線$\underline{\underline{}}$の部分が $10^{-6} = \text{ppm}$ となり，質量で無次元化しているため添字に m を使っている．

問題 2.1　フェノール排水の濃度

石油化学工場からの排水には有害物質であるフェノール（C_6H_5OH）が，排水 2 L 当たり $8 \times 10^{-3}\ \text{mol}$ 含まれている．この排水の濃度（mg L^{-1} と ppm_m）を計算しなさい．フェノールの分子量は 94.11 であり，排水の密度は $1{,}003\ \text{kg m}^{-3}$ とする．また，この排水 1 L をフェノールの排水基準である $5\ \text{mg L}^{-1}$ にまで希釈するために必要な水の量[L]を求めなさい．

解説

排水 2 L 当たり $8 \times 10^{-3}\ \text{mol}$ のフェノールが含まれていることから，排水中のフェノール濃度 C は，

$$C = \frac{8 \times 10^{-3}\ \text{mol}}{2\ \text{L}} = 4 \times 10^{-3}\ \text{mol L}^{-1} \tag{2.2}$$

フェノールの分子量 94.11 を用い，mol L^{-1} から mg L^{-1} へ単位換算すると次のようになる．

$$C = 4 \times 10^{-3}\ \text{mol L}^{-1} \times \frac{94.11\ \text{g}}{1\ \text{mol}} \times \frac{1{,}000\ \text{mg}}{1\ \text{g}} = 376.4\ \text{mg L}^{-1} \tag{2.3}$$

排水の密度 $1{,}003\ \text{kg m}^{-3}$ を用い，mg L^{-1} を ppm_m へ単位換算すると次のようになる．

$$C = 376.4\ \frac{\text{mg}}{\text{L}} \times \frac{1\ \text{m}^3}{1{,}003\ \text{kg}} \times \frac{1{,}000\ \text{L}}{1\ \text{m}^3} = 375.3\ \frac{\text{mg}}{\text{kg}}$$

$$= 375.3\ \frac{10^{-3}\text{g}}{10^3\text{g}} = 375.3\ \text{ppm}_m \tag{2.4}$$

排水 1 L を n L の水で希釈した場合の濃度は次のように計算することができる．

$$C = \frac{376.4\ \text{mg L}^{-1} \times 1\ \text{L}}{1\ \text{L} + n\ \text{L}} \tag{2.5}$$

フェノールの排水基準である $5\ \text{mg L}^{-1}$ にまで希釈するために必要な水の量を計算するために，C に $5\ \text{mg L}^{-1}$ の値を代入し，n についての式に変形して答えを出して

もよいが，ここではExcelの機能の1つである「ゴールシーク」の練習問題として，「ゴールシーク」を用いて計算してみる。

Excelによる計算

① フェノールの含有量[mol]をセル[C6]に入力する。「$8×10^{-3}$」は「8e−3」と省略して入力することができる（**図2-1**参照）。セルには「8.00 E−03」と表示されるが，この「E」は10の累乗を表す記号であり，「8.00 E−03」は「$8×10^{-3}$」を意味する。このような表示を「指数表示」という。

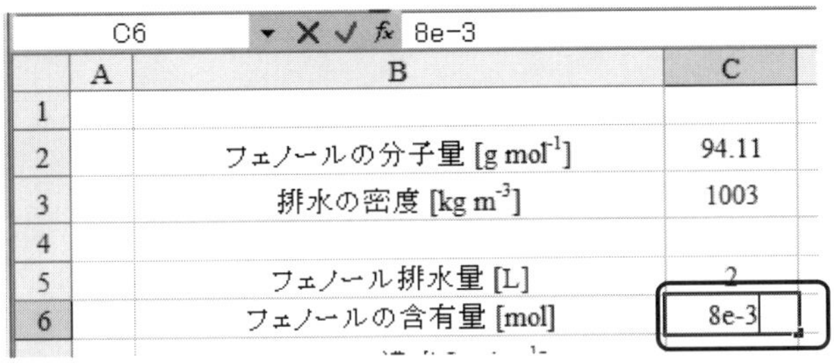

図2-1　フェノールの含有量の入力

② セル[C7]にフェノール濃度[mol L^{-1}]を求めるための式(2.2)「=C6/C5」を入力する。

③ セル[C8]にフェノール濃度[mg L^{-1}]を求めるための式(2.3)「=C7*C2*1000」を入力する。

④ 計算結果として，「3.76 E+02」つまり「$3.76×10^2$」が表示されることがある。このような「指数表示」（3.76 E+02）を「標準的な表示」（376）に変更したい場合，表示形式を変更したいセルを選択し，右クリックをする。**図2-2**に示したリストが表示される。こ

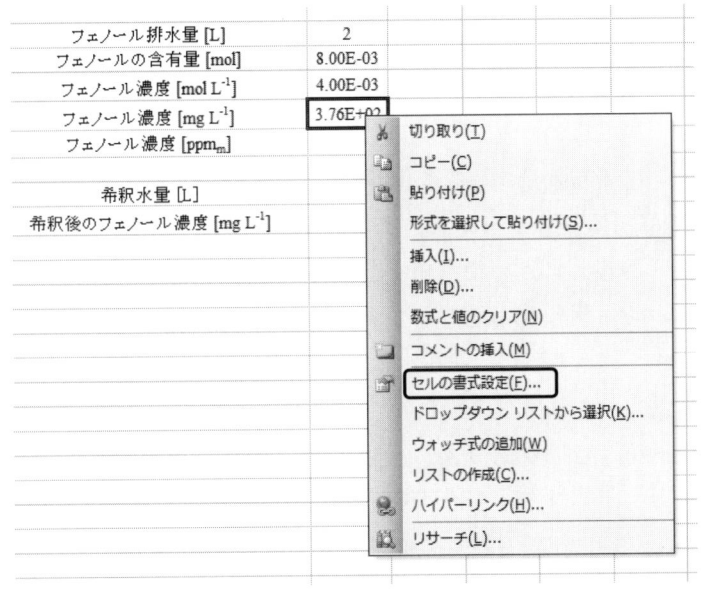

図2-2　リストの表示

の中の「セルの書式設定」をクリックする。

⑤ 表示形式を選択するリストが表示され（**図 2-3**），現在は「指数」が選択されていたことがわかる。「標準」を選択すると，セルの表示が「3.76 E+02」から「376」に変化する。

図 2-3　セルの表示形式

⑥ セル[C 9]にフェノール濃度[ppm_m]を求めるための式(2.4)「＝C 8/C 3*1000」を入力する。

⑦ Excel の機能の1つである「ゴールシーク」は収束計算を行うツールである。希釈水量を変化させると希釈後のフェノール濃度の値が変化する。本問題では，希釈後のフェノール濃度の値が $5\,mg\,L^{-1}$ になるように，「ゴールシーク」を用いて希釈水量の値を変化させる。

⑧ 「ゴールシーク」による計算には，希釈水量の初期値が必要である。できるだけ答えに近い初期値を与えると，解を迅速に導き出せる。ここでは $376\,mg\,L^{-1}$ を希釈し $5\,mg\,L^{-1}$ にすることから，初期値として「50」を用いる。

⑨ セル[C 11]に希釈水量の初期値「50」を入力する。

⑩ セル[C 12]に希釈後のフェノール濃度を求めるための式(2.5)「＝C 8*1/(1+C 11)」を入力する。

⑪ 希釈後のフェノール濃度として，セル[C 12]には「7.38」と表示されるが，これは先ほど入力した希釈水量の初期値が，問題の解ではなく初期値であり，希釈後のフェノール濃度を $5\,mg\,L^{-1}$ にするのに必要な正しい希釈水量の値ではないからである（正しい希釈水量の値（解）であれば「5」と表示される）。

⑫ 「ゴールシーク」は「メニューバー」の「ツール」をクリックし，表示される
メニューの中にある。クリックして起動する（図2-4）。

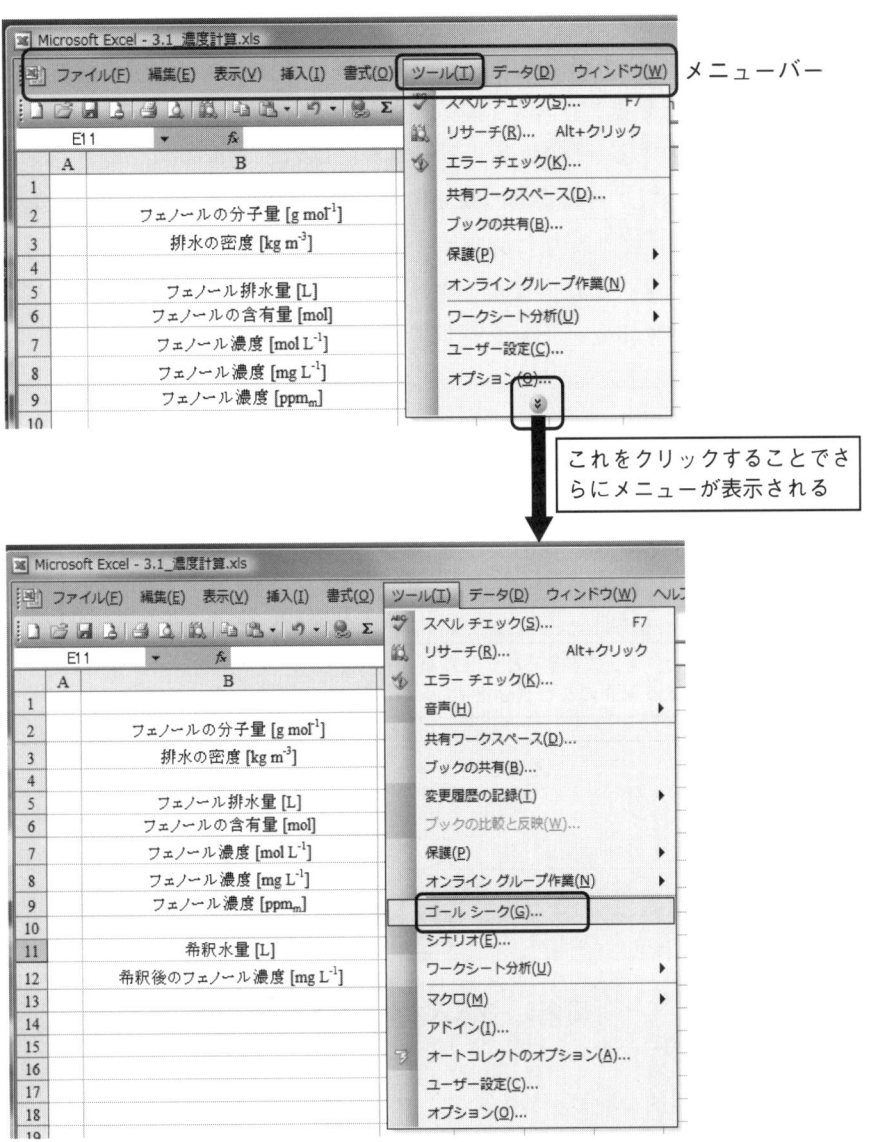

図2-4 ツール「ゴールシーク」の表示場所

⑬ 図2-5に示す画面が表示され，「数式入力セル」，「目標値」，「変化させるセル」
の入力を要求される。「数式入力セル」には，答えを求めるための数式（解く式）
が入力されているセルを選択する。「目標値」には，数式が入力されているセル
の目標値を入力する。「変化させるセル」には，「数式入力セル」の値を「目標
値」にするために値を変化させるセル（初期値を与えたセル）を選択する。ただ
し，「変化させるセル」は，「数式入力セル」の式で参照されているセルでなくて

はならない（「数式入力セル」の式に参照されていないと，「変化させるセル」の値を変化させても「数式入力セル」の値が変化しないため）。ここでは，希釈後のフェノール濃度を $5\,\mathrm{mg\,L^{-1}}$ にするのに必要な希釈水量の値を求めたいので，「数式入力セル」には希釈後のフェノール濃度を計算するための数式が入力されているセル[C 12]を選択する。「目標値」には計算値を $5\,\mathrm{mg\,L^{-1}}$ にしたいため「5」の数値を入力する。「変化させるセル」には希釈水量の値を変化させて適切な値を求めたいので，希釈水量の初期値が入力されているセル[C 11]を選択する。セルの選択には，「数式入力セル」と「変化させるセル」の欄の右側にあるボタンをクリックし，選択したいセルをクリックする。その後，図 2–6 の右側にあるボタンをクリックすると，セルを選択できる。

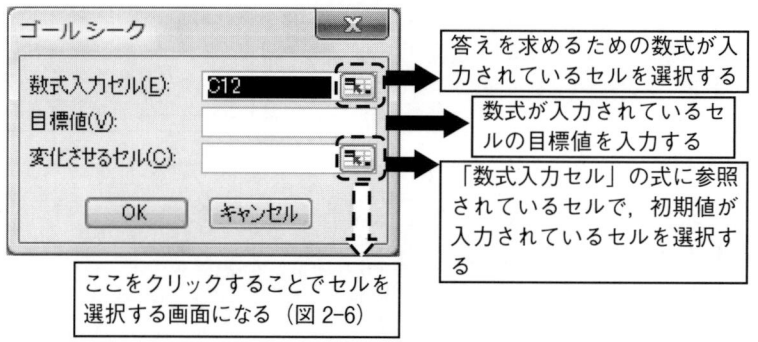

図 2–5　ゴールシーク

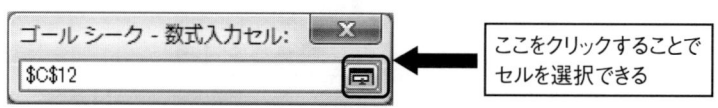

図 2–6　数式入力セルの選択

⑭　本問題での最終的な「ゴールシーク」の設定例を図 2–7 に示す。

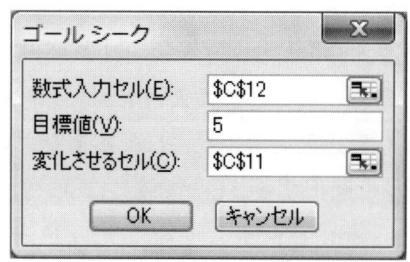

図 2–7　ゴールシークの設定例

⑮ 図2-7で「OK」をクリックすることにより，解が得られれば図2-8に示す画面が表示される。排水1Lをフェノールの排水基準である5 mg L^{-1}にまで希釈するために必要な水の量は，「変化させるセル」であるセル［C 11］に計算結果として表示される。およそ74.28 Lである（図2-9）。

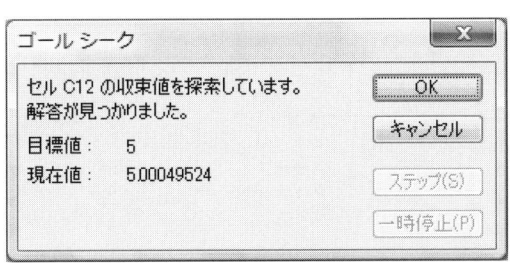

図2-8 収束の表示

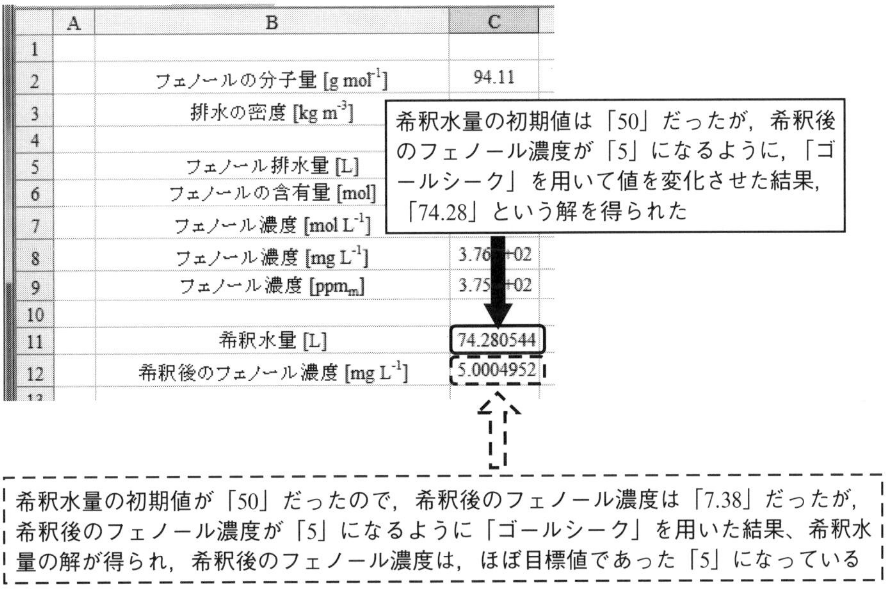

	A	B	C
1			
2		フェノールの分子量 [g mol^{-1}]	94.11
3		排水の密度 [kg m^{-3}]	
4			
5		フェノール排水量 [L]	
6		フェノールの含有量 [mol]	
7		フェノール濃度 [mol L^{-1}]	
8		フェノール濃度 [mg L^{-1}]	3.76E+02
9		フェノール濃度 [ppm$_m$]	3.75E+02
10			
11		希釈水量 [L]	74.280544
12		希釈後のフェノール濃度 [mg L^{-1}]	5.0004952

希釈水量の初期値は「50」だったが，希釈後のフェノール濃度が「5」になるように，「ゴールシーク」を用いて値を変化させた結果，「74.28」という解を得られた

希釈水量の初期値が「50」だったので，希釈後のフェノール濃度は「7.38」だったが，希釈後のフェノール濃度が「5」になるように「ゴールシーク」を用いた結果，希釈水量の解が得られ，希釈後のフェノール濃度は，ほぼ目標値であった「5」になっている

図2-9 計算結果

⑯ 「ゴールシーク」では，「変化させるセル」に入力された値を変化させ収束解を得るが，Excelの初期設定（デフォルト）では変化の幅が求めようとしている解に対して大きすぎる場合がある。そのため，問題に応じて設定を変更する必要がある。変更方法は，メニューバーの「ツール」に「オプション」という項目があるのでクリックをする。

2 濃度計算［ゴールシーク］

⑰ 図 2-10 に示す画面が開かれるので,「計算方法」をクリックする。

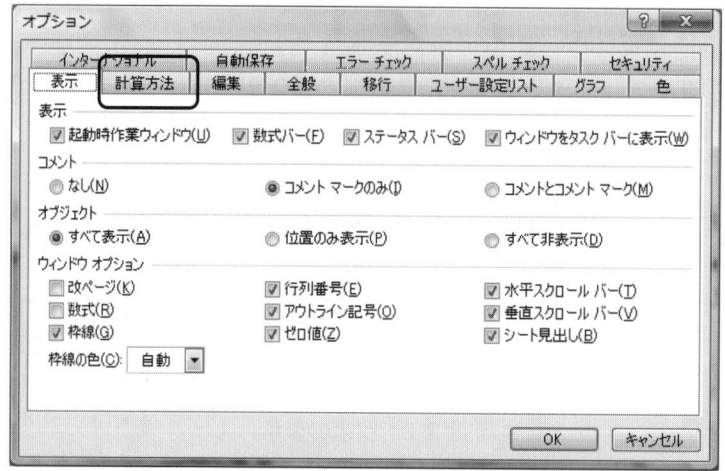

図 2-10　オプション

⑱ 図 2-11 に示す画面が開かれるので,「変化の最大値」の値を,求めたい解のオーダーに応じて小さくする。デフォルトでは「0.0001」となっているが,ここでは「0.0000001」の値に変更した。

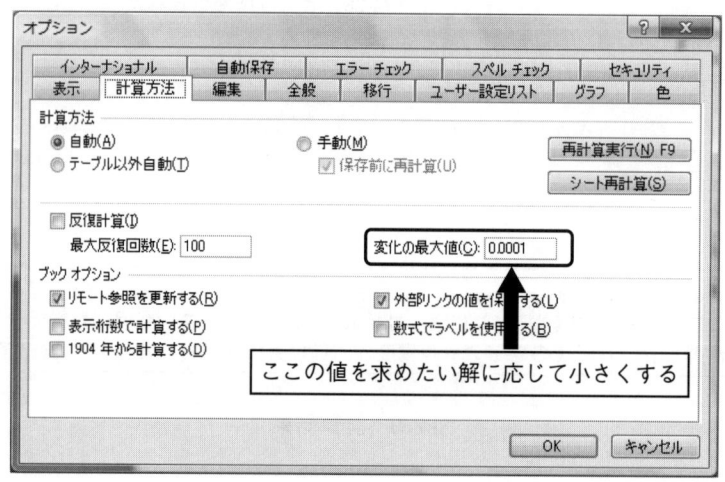

図 2-11　「変化の最大値」の変更

⑲ 再度「ゴールシーク」を用いて収束計算を行うと,目標値である $5\,\mathrm{mg\,L^{-1}}$ により近い値に収束し,先ほどの解は $74.280\,\mathrm{L}$ であったが,より精度の高い解 $74.288\,\mathrm{L}$ が求められた（図 2-12）。

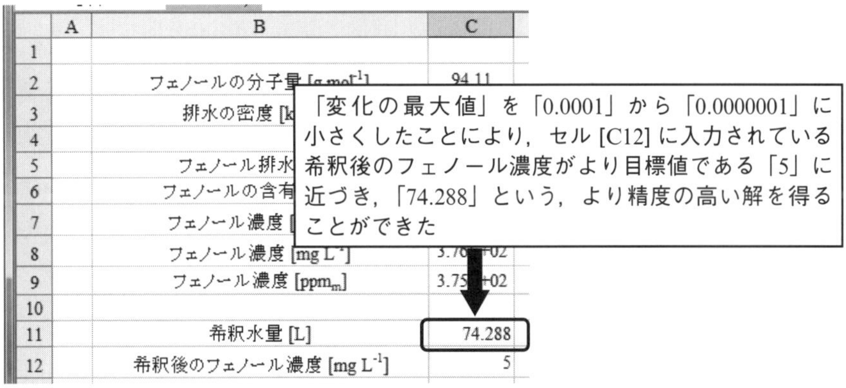

2.3 溶液調製―問題 2.2 フォトフェントン反応による染色排水処理

	A	B	C
1			
2		フェノールの分子量 [g mol^{-1}]	94.11
3		排水の密度 [k...	
4			
5		フェノール排水...	
6		フェノールの含有...	
7		フェノール濃度 [...	
8		フェノール濃度 [mg L^{-1}]	3.76E+02
9		フェノール濃度 [ppm$_m$]	3.75E+02
10			
11		希釈水量 [L]	74.288
12		希釈後のフェノール濃度 [mg L^{-1}]	5

「変化の最大値」を「0.0001」から「0.0000001」に小さくしたことにより，セル [C12] に入力されている希釈後のフェノール濃度がより目標値である「5」に近づき，「74.288」という，より精度の高い解を得ることができた

図 2-12 計算結果（ゴールシークの設定変更後）

⑳ 本問題の解答のシートを**図 2-13** に示す。

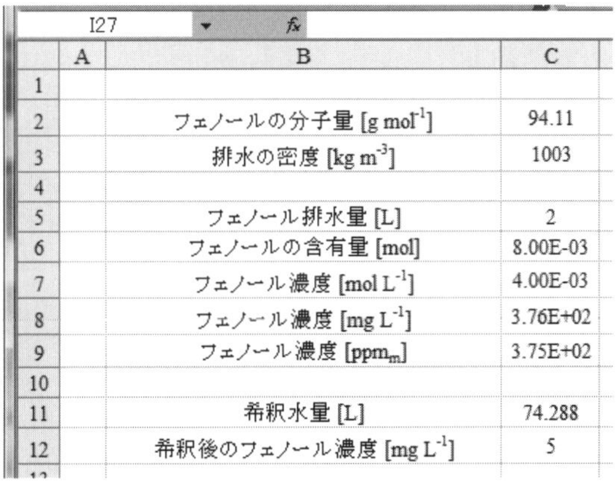

	A	B	C
1			
2		フェノールの分子量 [g mol^{-1}]	94.11
3		排水の密度 [kg m^{-3}]	1003
4			
5		フェノール排水量 [L]	2
6		フェノールの含有量 [mol]	8.00E-03
7		フェノール濃度 [mol L^{-1}]	4.00E-03
8		フェノール濃度 [mg L^{-1}]	3.76E+02
9		フェノール濃度 [ppm$_m$]	3.75E+02
10			
11		希釈水量 [L]	74.288
12		希釈後のフェノール濃度 [mg L^{-1}]	5

図 2-13 問題 2.1 の解答

2.3 溶液調製

濃度の決まった溶液を調製するために必要な溶質の量を「ゴールシーク」を用いて解く。

問題 2.2　フォトフェントン反応による染色排水処理

フォトフェントン反応プロセスは，促進酸化水処理法の 1 つとして注目されている。フォトフェントン反応は，鉄と過酸化水素を触媒とする反応である。過酸化水素と光エネルギー（$h\nu$）による鉄イオンの酸化還元サイクル式(2.6)，(2.7)により強力な酸化力を持った OH ラジカルを生成する。

$$Fe^{2+} + H_2O_2 \rightarrow Fe^{3+} + \cdot OH + OH^- \tag{2.6}$$

2 濃度計算 [ゴールシーク]

$$Fe^{3+} + H_2O + h\nu \rightarrow Fe^{2+} + \cdot OH + H^+ \qquad (2.7)$$

OHラジカルは，排水中の有機汚染物質を迅速に酸化分解する。

太陽光を光源として用いた，フォトフェントン反応による染色排水の脱色実験を行う。硫酸鉄(II)七水和物（$FeSO_4 \cdot 7H_2O$，分子量 $M_{FeSO_4 \cdot 7H_2O}=278.02$，純度 $P_{Fe}=100$ wt%）と，過酸化水素溶液（H_2O_2，$M_{H_2O_2}=34.01$，$P_{H_2O_2}=34.5$ wt%，密度 $\rho=1.01$ g mL^{-1}）を用いて，Fe^{2+} 濃度 $C_{Fe}=20$ mg L^{-1}，過酸化水素濃度 $C_{H_2O_2}=2,000$ mg L^{-1} の溶液を調製したい。全液量 V は 0.5 L である。必要な硫酸鉄(II)七水和物の重量 x [mg]と，過酸化水素溶液の液量 y [mL]を求めなさい。

解説

溶液の Fe^{2+} 濃度 C_{Fe} は，次式で求められる。

$$C_{Fe} = \frac{x \times \dfrac{M_{Fe}}{M_{FeSO_4 \cdot 7H_2O}} \times \dfrac{P_{Fe}}{100}}{V} \qquad (2.8)$$

溶液の過酸化水素濃度は，次式で求められる。

$$C_{H_2O_2} = \frac{y \times (\rho \times 1,000) \times \dfrac{P_{H_2O_2}}{100}}{V} \qquad (2.9)$$

Excel による計算

① セル[F3]に硫酸鉄(II)七水和物の重量 x の初期値「1」を入力する。
② セル[F4]に過酸化水素溶液の液量 y の初期値「1」を入力する。
③ セル[F6]に Fe^{2+} 濃度を求めるための式(2.8)「=F3*C12/C3*C4/100/F2」を入力する。初期値「1」（セル[F3]）に対応する数値「0.4017」が表示される。
④ セル[F7]に過酸化水素濃度を求めるための式(2.9)「=F4*C9*1000*C8/100/F2」を入力する。初期値「1」（セル[F4]）に対応する数値「696.9」が表示される。
⑤ セル[F3]の硫酸鉄(II)七水和物の重量と，セル[F4]の過酸化水素溶液の液量には「数値」が入力されているため，自由に数値を変えられる。例えば，硫酸鉄(II)七水和物の重量を 1 mg から 5 mg に変えるには，セル[F3]の数値を「1」から「5」に変えればよい。セル[F6]の Fe^{2+} 濃度が，硫酸鉄(II)七水和物の重量の数値の変化に伴い，自動的に再計算される。セル[F6]には Fe^{2+} 濃度を求めるための「数式」が入力されているため，自由に数値を変化させることができない。しかし，「ゴールシーク」を用いることにより，Fe^{2+} 濃度の数値を自由に変えることができる。

⑥ 「ゴールシーク」を起動し,「数式入力セル」に Fe^{2+} 濃度を求めるための数式が入力されているセル [F6] を選択する。「目標値」には設定したい濃度 (20 mg L^{-1}) を入力する。「変化させるセル」には,硫酸鉄（II）七水和物の重量が入力されているセル [F3] を選択する。

⑦ 「ゴールシーク」の設定例を図 2–14 に示す。

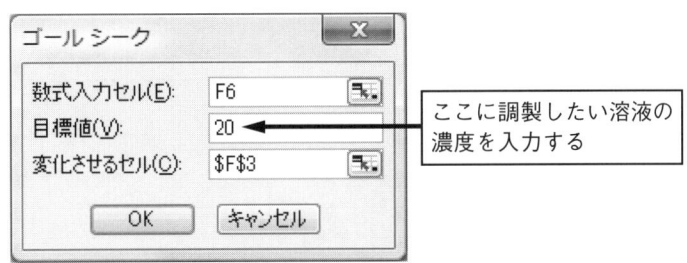

図 2–14 「ゴールシーク」の設定例 1

⑧ 「OK」をクリックすると,セル [F3] に Fe^{2+} 濃度を 20 mg L^{-1} にするのに必要な硫酸鉄（II）七水和物の重量（解）が表示される。

⑨ 同様に,「ゴールシーク」を起動し,「数式入力セル」に過酸化水素濃度を求めるための数式が入力されているセル [F7] を選択する。「目標値」には設定したい濃度 (2,000 mg L^{-1}) を入力する。「変化させるセル」には過酸化水素溶液の液量が入力されているセル [F4] を選択する。

⑩ 「ゴールシーク」の設定例を図 2–15 に示す。

図 2–15 「ゴールシーク」の設定例 2

⑪ 「OK」をクリックすると,セル [F4] に 2,000 mg L^{-1} にするのに必要な過酸化水素溶液の液量（解）が表示される。

2 濃度計算 [ゴールシーク]

⑫ 図2-16に問題の解答を示す。

	A	B	C	D	E	F
1						
2		硫酸鉄(II)七水和物(FeSO₄·7H₂O)			全液量 V [L]	0.5
3		分子量 $M_{FeSO4·7H2O}$ [g mol⁻¹]	278.02		必要な硫酸鉄(II)七水和物 x [mg]	49.77977
4		純度 $P_{FeSO4·7H2O}$ [%]	100		必要な過酸化水素 y [mL]	2.869852
5						
6		過酸化水素(H₂O₂)			Fe²⁺濃度 C_{Fe} [mg L⁻¹]	20
7		分子量 M_{H2O2} [g mol⁻¹]	34.01		過酸化水素濃度 C_{H2O2} [mg L⁻¹]	2000
8		純度 P_{H2O2} [wt%]	34.5			
9		密度 ρ [g mL⁻¹]	1.01			
10						
11		原子量 [g mol⁻¹]				
12		M_{Fe}	55.85			

図2-16 問題2.2の解答

⑬ このゴールシークによる計算は，ある液量の任意の濃度の溶液を調製するのに必要な溶質の量が簡単に求められ，非常に便利である。

⑭ 「ゴールシーク」は，数式が入力されているために自由に数値を変えることができないセルの値を，ほかのセルの数値を変化させることにより，その値を自由に変えることのできる便利なツールでもある。

資料・解説

■促進酸化法による水処理：フォトフェントン反応

非常に酸化力の強い・OHラジカル（ヒドロキシラジカル）（第14章を参照）を生成させて，汚染物質を分解除去する最近注目の水処理法である。①光触媒（酸化チタン TiO₂，酸化亜鉛 ZnO など）と紫外線，②フォトフェントン触媒（鉄 Fe，過酸化水素 H₂O₂）と紫外線，③オゾン O₃ と紫外線，④過酸化水素と紫外線などがある。最近特に注目されているのが，フォトフェントン反応を利用した水処理法である。下の図はフォトフェントン反応による・OHラジカルの生成機構である。生成した・OHラジカルが排水中の汚染物質を分解する。

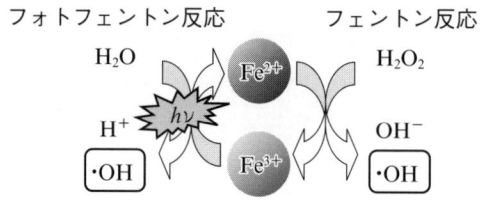

鉄は2価鉄から3価鉄そして2価鉄への変化を循環する

第3章

pHの計算 [オートフィル，Excel関数]

3.1 酸性水溶液のpH

pHは式(3.1)で定義され，酸性とアルカリ性の度合いの指標となる値である。

$$pH = -\log_{10}[H^+] \tag{3.1}$$

$[H^+]$は水素イオン濃度$[mol\ L^{-1}]$（＝M：モーラー，1L中に存在するH^+のモル数）である。

1 molの塩酸から1 molのプロトン（水素イオン）を放出（電離）する。

$$HCl \rightleftarrows H^+ + Cl^- \tag{3.2}$$

つまり，塩酸のモル濃度とプロトンのモル濃度は等しい。それゆえ，1Mの塩酸のpHは式(3.3)によって計算される。

$$pH = -\log_{10}[H^+] = -\log_{10}(1\ mol\ L^{-1}) = 0 \tag{3.3}$$

1 molの硫酸から2 molのプロトンを放出する。

$$H_2SO_4 \rightleftarrows 2H^+ + SO_4^{2-} \tag{3.4}$$

例えば，$1 \times 10^{-3}\ mol\ L^{-1}$（$1 \times 10^{-3}$M）の硫酸のプロトン濃度は硫酸濃度の2倍となり$2 \times 10^{-3}$Mとなる。その水溶液のpHは式(3.5)によって計算される。

$$\begin{aligned}pH &= -\log_{10}[H^+] = -\log_{10}(2 \times 10^{-3}M) = -(\log_{10}(2) + \log_{10}(10^{-3})) \\ &= -(\log_{10}(2) - 3) \cong 2.7\end{aligned} \tag{3.5}$$

3.2 アルカリ性水溶液のpH

水酸化ナトリウム(NaOH)水溶液などのアルカリ性水溶液のpHは，OH^-（水酸化物イオン）濃度から水のイオン積を使って算出するプロトン濃度を用いて計算する。

3 pHの計算 [オートフィル,Excel関数]

水のイオン積（K_w：単位は[M²]）は，水の酸解離式(3.6)で与えられる平衡反応の水の濃度を一定としたとき（水溶液中においては，ほとんどの成分が水であるため，酸解離をしたとしても濃度はほとんど変化しない。そのゆえ，水の濃度を定数として扱うことができる）の平衡定数で，およそ 10^{-14} M² という値を持つ。

$$H_2O \rightleftarrows H^+ + OH^- \tag{3.6}$$

$$K_w = [H^+][OH^-] \cong 10^{-14} \tag{3.7}$$

例として，1 mM（1 mmol L⁻¹）の水酸化ナトリウム水溶液のpHを計算してみる。まず，水酸化ナトリウムは次式のようにイオン化する。

$$NaOH \rightleftarrows Na^+ + OH^- \tag{3.8}$$

1 mol の水酸化ナトリウムから 1 mol の水酸化物イオンが放出されるため，水酸化ナトリウムと水酸化物イオンは等モル関係である。したがって，1 mM の水酸化ナトリウム水溶液の水酸化物イオン濃度は 1 mM となる。水のイオン積の関係と既知の水酸化物イオン濃度から，水素イオン濃度を算出することができる。

$$K_w = [H^+][1 \times 10^{-3}] \cong 10^{-14} \tag{3.9}$$

$$[H^+] = \frac{10^{-14}}{1 \times 10^{-3}} = 10^{-11} \tag{3.10}$$

それゆえ，1 mM の水酸化ナトリウム水溶液のpHは，

$$pH = -\log_{10}[H^+] = -\log_{10}(10^{-11}) = 11 \tag{3.11}$$

3.3 弱酸の pH

塩酸と硫酸，水酸化ナトリウム水溶液はすべて強酸または強塩基である。前述したように，強酸や強塩基は水溶液中では，ほとんどすべての分子がイオンへと電離し，例えば塩酸であれば塩酸とプロトンの濃度が等しくなり，pHの計算が容易である。

しかし，弱酸である酢酸では，次の式(3.12)のように水溶液中でプロトンを放出（電離）するが，ほとんどの酢酸は CH_3COOH の形（電離していない状態）で存在するため，酢酸とプロトンの濃度は等しくならない。

$$CH_3COOH \rightleftarrows H^+ + CH_3COO^- \tag{3.12}$$

塩酸や酢酸のように，溶媒中に溶解したとき，陽イオンと陰イオンに電離する物質を電解質という。電離している電解質（例えば CH_3COO^-）と，電離していない電解質（例えば CH_3COOH）のモル濃度の比を電離度 α といい，α が 1 に近いものを強電解質と呼び，小さいものを弱電解質と呼ぶ。強電解質は強酸，強塩基となり，弱電解質は弱酸，弱塩基となる。

酸の強さを示す値として，酸解離定数(pK_a)がある。酢酸を例にすると，酢酸は平衡式(3.12)のように溶媒中で電離し，酸解離定数 K_a は次式で表すことができる。

$$K_a = \frac{[\mathrm{H^+}][\mathrm{CH_3COO^-}]}{[\mathrm{CH_3COOH}]} \tag{3.13}$$

酸解離定数は，物質によっては値が桁違いで異なるため，そのままの K_a の値であると不便である。pH と同様に負の常用対数の値で表示されることが多い。

$$\mathrm{p}K_a = -\log_{10} K_a \tag{3.14}$$

酢酸の $\mathrm{p}K_a$ は 25℃ において 4.74 である。この値を用いて $0.01\,\mathrm{mol\,L^{-1}}$ の酢酸水溶液の pH を計算してみる。

水中での酢酸の電離度を α とすると，平衡状態での各成分の濃度は**表 3-1** に示すようになる。

表 3-1 平衡状態における各成分の濃度

成分	濃度 [mol L^{-1}]
CH$_3$COOH	$0.01(1-\alpha)$
H$^+$	$0.01\,\alpha$
CH$_3$COO$^-$	$0.01\,\alpha$

$\mathrm{p}K_a$ の値が 4.74 であることから，K_a の値は，

$$K_a = 10^{-\mathrm{p}K_a} = 10^{-4.74} = 1.82 \times 10^{-5} \tag{3.15}$$

式(3.13)に表 3-1 の濃度を代入すると，

$$K_a = \frac{0.01\,\alpha \times 0.01\,\alpha}{0.01(1-\alpha)} = 1.82 \times 10^{-5} \tag{3.16}$$

となり，α についてまとめると，

$$0.01\,\alpha^2 = 1.82 \times 10^{-5}(1-\alpha) \tag{3.17}$$

式(3.17)は α についての 2 次方程式となるため，解の公式により α を求めると，

$$\alpha = \frac{-1.82 \times 10^{-5} + \sqrt{(1.82 \times 10^{-5})^2 + 7.28 \times 10^{-7}}}{0.02} = 4.18 \times 10^{-2} \tag{3.18}$$

水素イオン濃度は次式によって計算され，pH を求めることができる。

$$[\mathrm{H^+}] = 0.01\,\alpha = 4.18 \times 10^{-4}\,\mathrm{mol\,L^{-1}} \tag{3.19}$$

$$\mathrm{pH} = -\log_{10}(4.18 \times 10^{-4}\,\mathrm{mol\,L^{-1}}) = 3.37 \tag{3.20}$$

3.4 緩衝溶液

緩衝溶液は，多少の酸やアルカリが混入しても pH が変化しにくい溶液のことである。pH 変化により影響を受けやすい生物や，化学物質の保存などにも用いられる。弱酸とその共役塩基（例えば，弱酸 CH$_3$COOH から水素イオンが 1 つ脱離した化学種 CH$_3$COO$^-$）の水溶液である場合が多い。緩衝溶液の pH は物質の組み合わせや配合比

により変化する。

酢酸と酢酸ナトリウムを混合した緩衝溶液（酢酸と酢酸ナトリウム濃度がそれぞれ$0.1\,\mathrm{mol\,L^{-1}}$）を例にとって，緩衝溶液の作用を説明する。

酢酸は平衡式(3.12)で表されるように電離し，酢酸ナトリウムは次のように電離する。

$$CH_3COONa \rightleftarrows Na^+ + CH_3COO^- \tag{3.21}$$

酢酸ナトリウムは塩であることから，水中では完全に電離した状態である。一方，酢酸は弱酸であるので，式(3.18)で計算したように電離度が非常に小さく，水中ではほとんど電離していない。それゆえ，水溶液中に存在する酢酸イオン（CH_3COO^-）濃度は，加えた酢酸ナトリウムの分析濃度（電離している成分と電離していない成分を合わせた濃度）にほぼ等しいといえる。以上のことより，緩衝溶液のpHは，式(3.13)の酢酸イオン濃度を酢酸ナトリウムの分析濃度とし（$C_{CH_3COO^-} \fallingdotseq C_{CH_3COONa}$），水素イオン濃度を計算することにより求めることができる。

$$pH = -\log_{10}[H^+] = -\log_{10}\left(K_a \frac{C_{CH_3COOH}}{C_{CH_3COO^-}}\right)$$

$$\fallingdotseq pK_a + \log_{10}\left(\frac{C_{CH_3COONa}}{C_{CH_3COOH}}\right) = 4.74 + \log_{10}\left(\frac{0.1}{0.1}\right) = 4.74 \tag{3.22}$$

C_{CH_3COOH}，$C_{CH_3COO^-}$はCH_3COOH，CH_3COO^-の濃度$[\mathrm{mol\,L^{-1}}]$を表し，またC_{CH_3COONa}はCH_3COONaの分析濃度$[\mathrm{mol\,L^{-1}}]$を表す。

この緩衝溶液に水酸化ナトリウムを加えて，水酸化ナトリウム濃度が$0.01\,\mathrm{mol\,L^{-1}}$になるようにした場合，次の反応によって$CH_3COOH$の濃度は加えた水酸化ナトリウム濃度の分だけ減り，$CH_3COONa$の濃度は加えた水酸化ナトリウム濃度の分だけ増える。

$$CH_3COOH + NaOH \rightleftarrows CH_3COONa + H_2O \tag{3.23}$$

したがって，このときのpHは，

$$pH = pK_a + \log_{10}\left(\frac{C_{CH_3COONa}}{C_{CH_3COOH}}\right) = 4.74 + \log_{10}\left(\frac{0.1 + 0.01}{0.1 - 0.01}\right)$$

$$= 4.83 \tag{3.24}$$

となる。水酸化ナトリウムを加えた溶液が緩衝溶液ではなく純水であった場合，水酸化ナトリウム濃度が$0.01\,\mathrm{mol\,L^{-1}}$であることから溶液のpHは12となる。

この緩衝溶液に塩酸を加えて塩酸濃度が$0.01\,\mathrm{mol\,L^{-1}}$になるようにした場合，次の反応によって$CH_3COOH$の濃度は加えた塩酸濃度の分だけ増え，$CH_3COONa$の濃度は加えた塩酸濃度の分だけ減る。

$$CH_3COO^- + H^+ \rightleftarrows CH_3COOH \tag{3.25}$$

したがってこのときのpHは，

$$\mathrm{pH}=\mathrm{p}K_a+\log_{10}\left(\frac{C_{\mathrm{CH_3COONa}}}{C_{\mathrm{CH_3COOH}}}\right)=4.74+\log_{10}\left(\frac{0.1-0.01}{0.1+0.01}\right)$$

$$=4.65 \tag{3.26}$$

となる。塩酸を加えた溶液が緩衝溶液ではなく純水であった場合，塩酸濃度が 0.01 mol L^{-1} であることから溶液の pH は 2 となる。以上のことから，緩衝溶液の効果は明らかである。

問題 3.1　水素イオン濃度と pH

pH＝0 から pH＝14 における水素イオン濃度および水酸化物イオン濃度を求めなさい。また，水素イオン濃度が 8.08×10^{-5} mol L^{-1} の pH を求めなさい。

解　説

pH は式(3.1)で計算されるため，水素イオン濃度[mol L^{-1}]は次式で計算することができる。

$$[\mathrm{H^+}]=10^{-\mathrm{pH}} \tag{3.27}$$

水のイオン積（式(3.7)）により，水素イオン濃度から水酸化物イオン濃度を計算することができる。

$$[\mathrm{OH^-}]=K_\mathrm{W}/[\mathrm{H^+}] \tag{3.28}$$

水素イオン濃度が 8.08×10^{-5} mol L^{-1} の pH は，式(3.1)を使うことにより，

$$\mathrm{pH}=-\log_{10}[\mathrm{H^+}]=-\log_{10}(8.08\times 10^{-5}\,\mathrm{mol\ L^{-1}})\cong 4.1 \tag{3.29}$$

と求められる。

Excel による計算

① セル[C 3]に pH＝0 の水素イオン濃度を求めるための式(3.27)「＝10＾－B 3」を入力する。

② 残りの pH＝1 から pH＝14 は，手順①と同様の式で計算することができる。その場合，各セル[C 4-C 17]に 1 つずつ計算式を入力するのではなく，Excel の便利な機能の 1 つである「オートフィル」を用いて，一気に入力することができる。

③ 水素イオン濃度を求める計算式の入力してあるセル[C 3]をクリックして，セルが選択された状態（セルの縁が黒くなる）にし，マウスのカーソルを選択したセルの右下に移動させる。マウスのカーソルが黒の十字に変化する（図 3–1）。

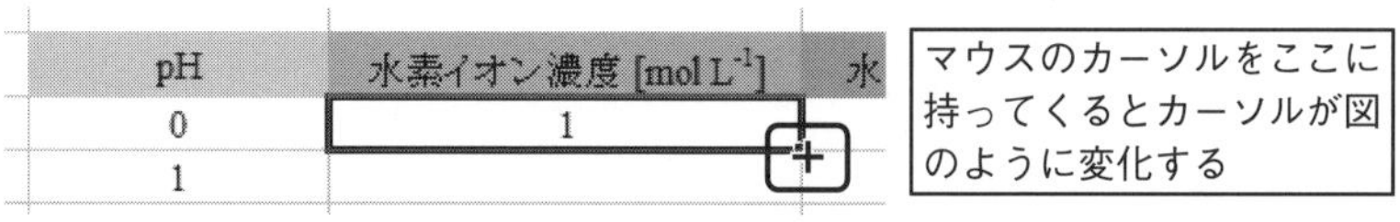

pH	水素イオン濃度 [mol L^{-1}]	水
0	1	マウスのカーソルをここに持ってくるとカーソルが図のように変化する
1		

図 3–1　オートフィルの方法 1

3 pHの計算［オートフィル，Excel関数］

④ 選択したセルの右下をクリックしたまま，セル[C 17]までマウスを下に移動させる（図 3-2）。

マウスをクリックしたままカーソルを下に持ってくると，図のように黒い線も下に移動してくる

ここまでオートフィルされる

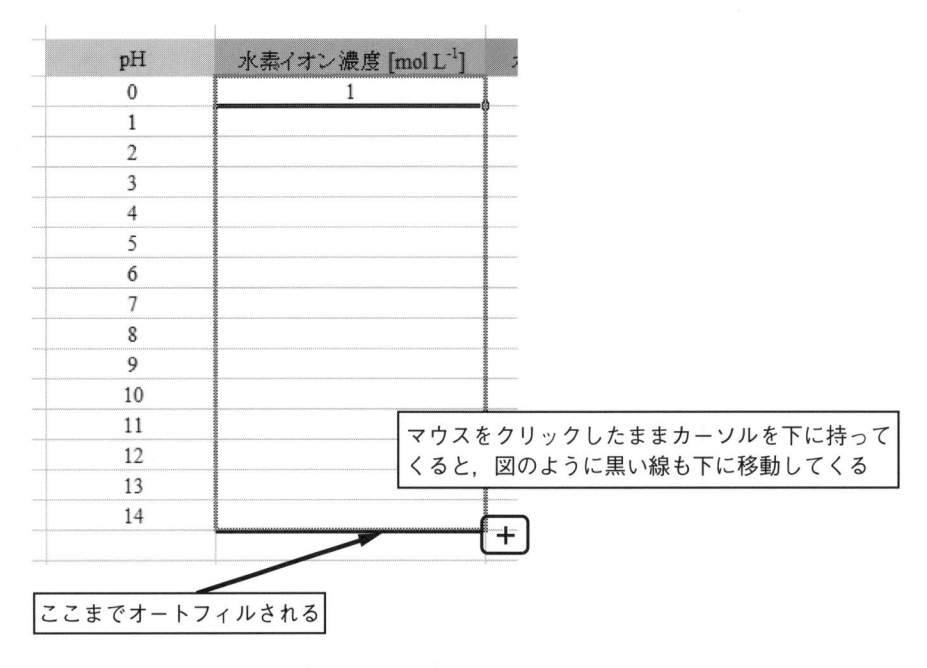

図 3-2　オートフィルの方法 2

⑤ マウスのボタンを離すことで，セル[C 4－C 17]にセル[C 3]に入力した計算式「$=10\verb|^|-B3$」の参照先のセル[B 3]が，オートフィルした方向に 1 つずつずれながら入力されたことがわかる（図 3-3）。

上の矢印のように値を参照している

セルに入力されている式

参照先のセルが一つずつずれている

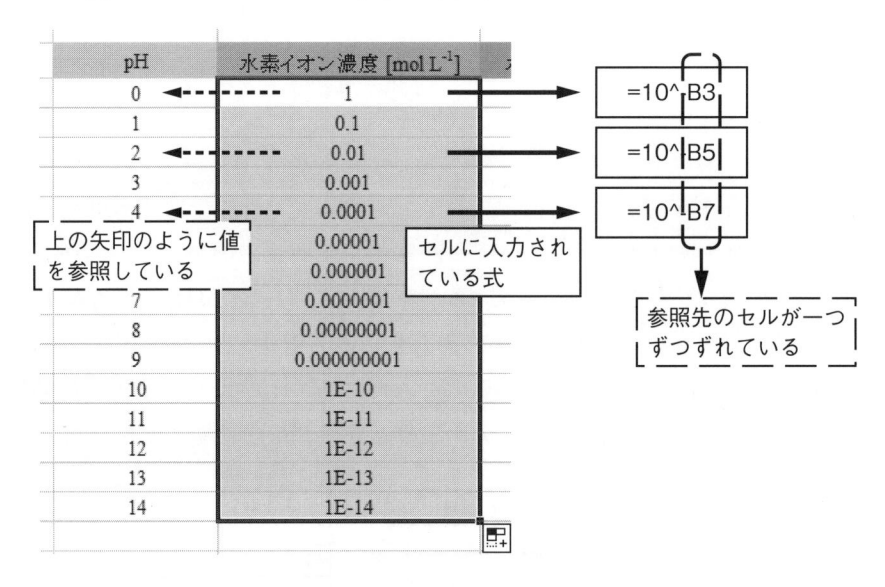

図 3-3　オートフィルの方法 3

⑥ pH＝0の水酸化物イオン濃度を計算するためにセル[D3]を選択し，式(3.28)を入力して計算する。水のイオン積はセル[G5]に入力されているのでそれを参照する。このときセル[G5]に「絶対参照」をしないと，「オートフィル」を行った際に手順⑤と同様に水のイオン積のセル[G5]が1つずつずれて参照し，思った計算と違う計算をしてしまう。「オートフィル」した場合に参照先をずらさないよう，「絶対参照」する必要がある。「絶対参照」のやり方は，参照したセル番号の上にマウスのカーソルを合わせてキーボードの「F4キー」を押すことで行う（図3-4）。セル[D3]には「＝＄G＄5/C3」の数式を入力する。ちなみに「絶対参照」は「F4キー」を押すのではなく，固定したい参照先の番号の前に直接「＄：ドルマーク」をキーボードから入力してもよい。

絶対参照したい参照先にマウスカーソルを持っていった状態で，キーボードの「F4キー」を押す

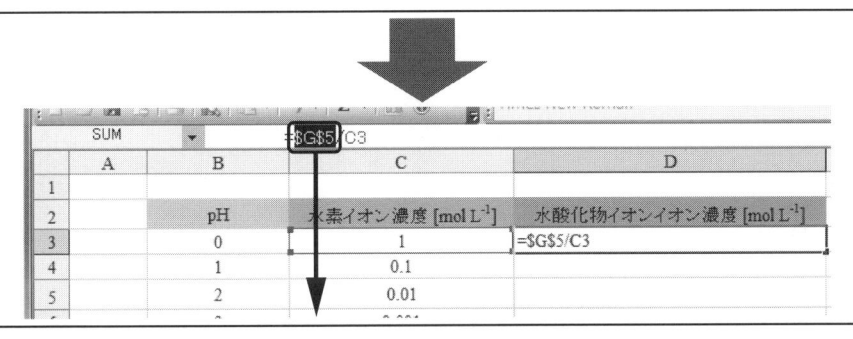

参照先の前に「＄：ドルマーク」が表示される。これは「＄」の後の行と列を固定する意味であり，この場合「G列」と「5行目」が固定されるため，行方向（縦方向）や列方向（横方向）に「オートフィル」しても，常にセル[G5]を参照し続ける。ちなみに，「F4キー」を数回押すことで，「＄」マークの入り方が変化し，行方向（縦方向）のみ固定（G＄5）や，列方向（横方向）のみ固定（＄G5）など参照の仕方を変えられる

図3-4　絶対参照

⑦ セル[D3]をセル[D17]まで「オートフィル」し，各pHにおける水酸化物イオン濃度を計算する。参考に，絶対参照をした場合としない場合の比較を図3-5に示す。

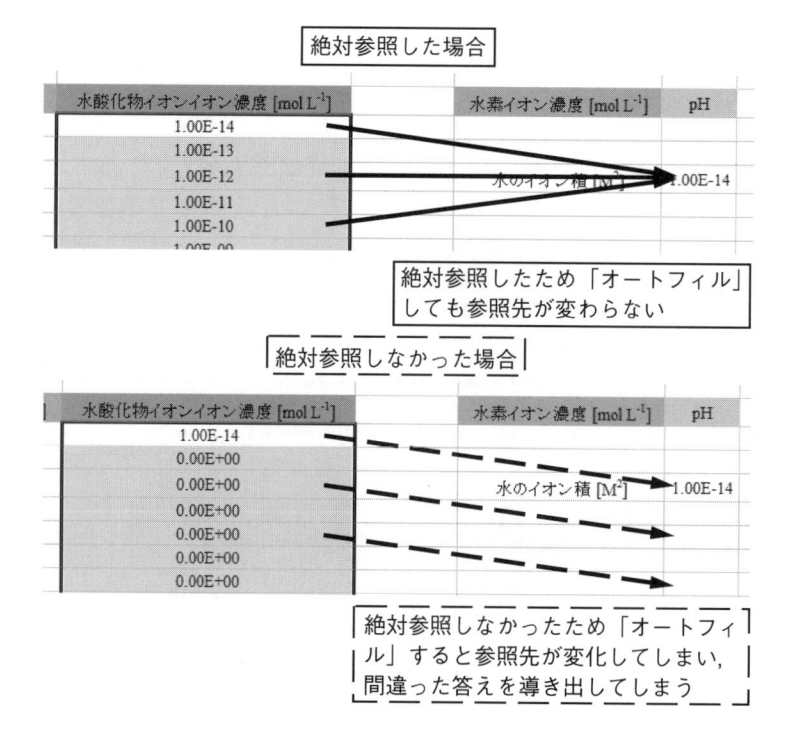

3 pHの計算［オートフィル，Excel関数］

図3-5 絶対参照した場合としなかった場合の比較

⑧ セル［F3］に問題で与えられた水素イオン濃度の値を入力する。「＝8.08*10^－5」と入力してもよいが，「8.08 E－5」と省略して入力できる。

⑨ 水素イオン濃度を計算するためには常用対数の計算が必要である。Excelには，「Excel関数」と呼ばれるツールが用意されているので，それを用いて常用対数の計算ができる。

⑩ 「Excel関数」を使うには，「Excel関数」を入力したいセルを選択した状態で，数式入力バーの左側にある「fx」というボタンをクリックする（**図3-6**）。

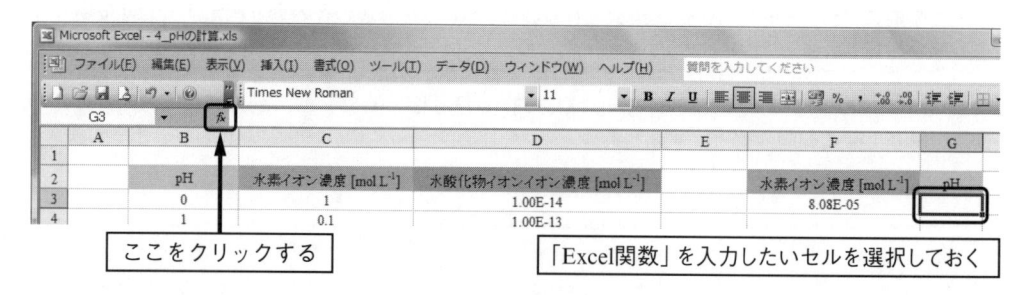

図3-6 Excel関数の使い方1

3.4 緩衝溶液—問題 3.1 水素イオン濃度と pH

⑪ **図 3-7** に示した画面が表示される。目的の「Excel 関数」について分類がわかっていなければ，「関数の検索」を用い，わかっている場合は「関数の分類」から探す。

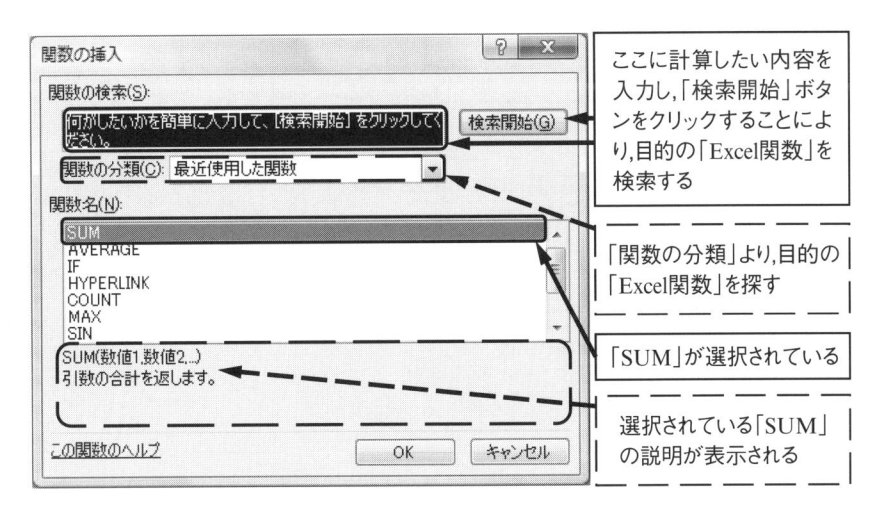

図 3-7　Excel 関数の使い方 2

⑫ 常用対数は「数学」で用いられる関数なので，「関数の分類」から「数学/三角」を選択し，表示されたリストの中から「LOG 10」をクリックし，「OK」を押す（**図 3-8**）。

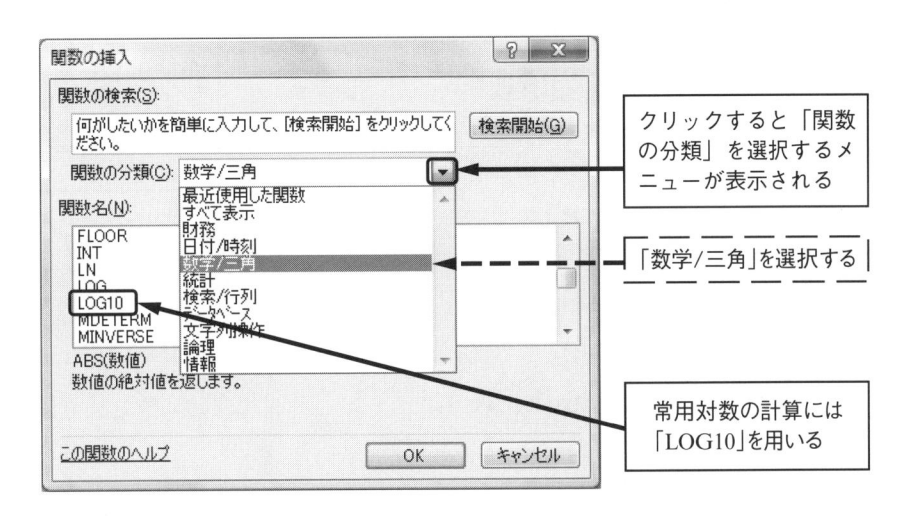

図 3-8　Excel 関数の使い方 3

3 pHの計算［オートフィル，Excel関数］

⑬ 図3-9のように，「関数の検索」の欄に計算したい内容（常用対数）を入力することで目的の「Excel関数」を簡単に探すこともできる。

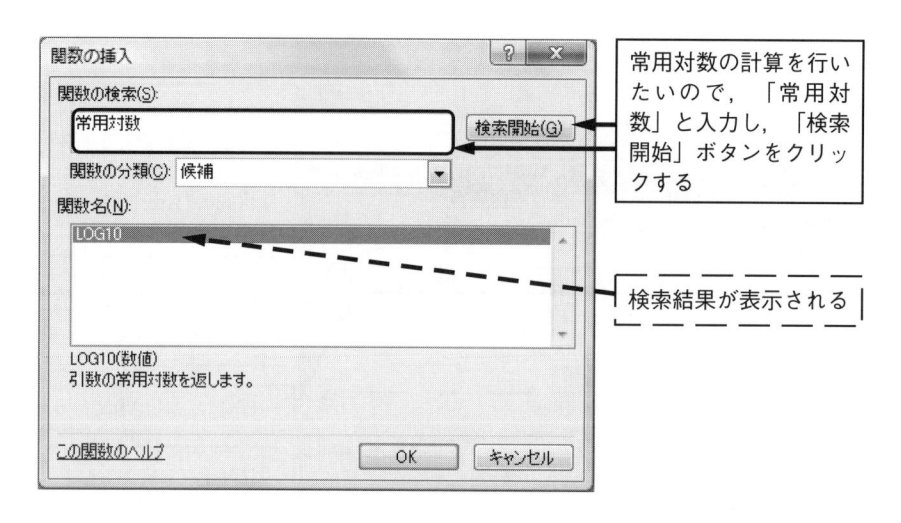

図3-9　Excel関数の使い方4

常用対数の計算を行いたいので，「常用対数」と入力し，「検索開始」ボタンをクリックする

検索結果が表示される

⑭ 図3-10に示す画面が表示され，常用対数を計算するのに必要な「数値」（引数）の入力を求められる。セル[F3]に入力してある水素イオン濃度の常用対数を計算したいので，セル[F3]を選択し「OK」を押す。

水素イオン濃度の常用対数を計算したいため，数値（引数）としてセル[F3]の値を参照する

参照したセルの値と，計算結果が表示される

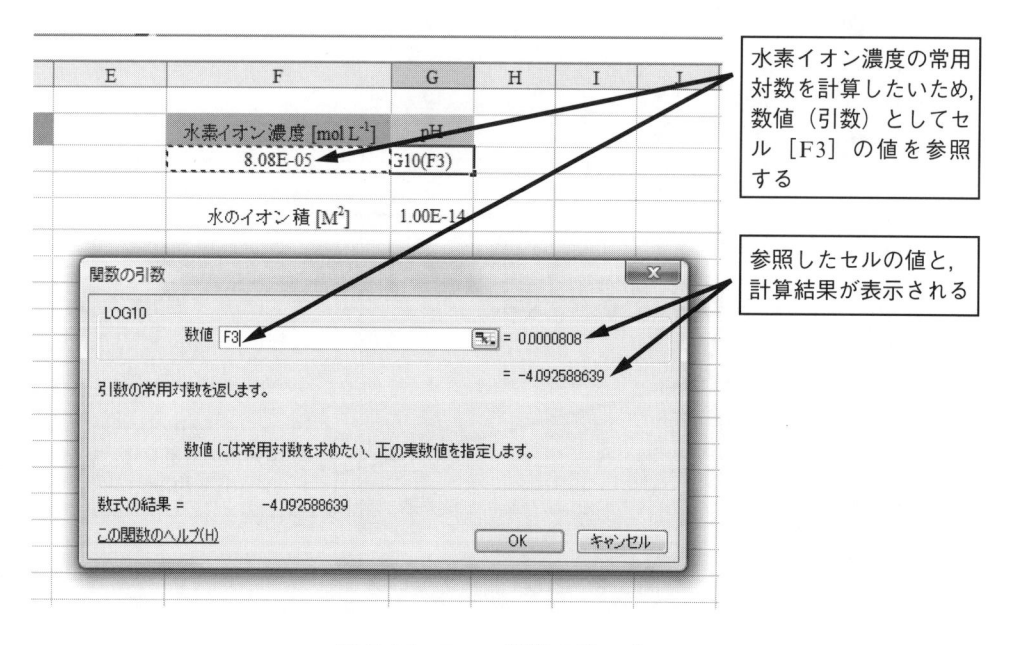

図3-10　Excel関数の使い方5

3.4 緩衝溶液—問題 3.1 水素イオン濃度と pH

⑮ 図 3-11 に示すように水素イオン濃度の常用対数が計算される。「数式バー」には「＝LOG 10（F 3）」と表示される。式 (3.1) に示すように，pH は水素イオン濃度の常用対数をマイナスにした値なので，「数式バー」に表示されている「＝LOG 10（F 3）」の「＝」のあとに，「－：マイナス」を入力することで pH を計算できる。

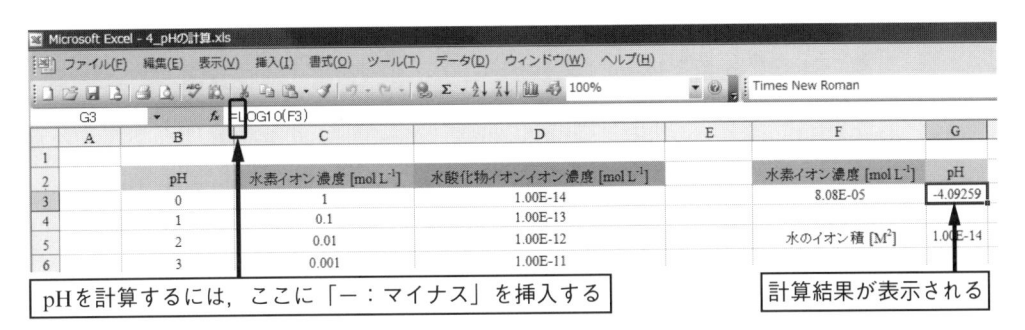

図 3-11 Excel 関数の使い方 6

⑯ 目的の「Excel 関数」の書き方（関数名や引数の入力方法）がわかっていれば，手順⑩で示した「fx」の記号をクリックせずに，キーボードからセル [G 3] に直接「＝－LOG 10（F 3）」と入力することにより，セル [F 3] に入力された水素イオン濃度の pH を計算できる。ちなみに，自然対数（底が e）を計算したい場合には，「LN」という関数を用いる。

⑰ 図 3-12 に問題の解答を示す。

図 3-12 問題 3.1 の解答

資料・解説

■pH 調整剤

調整剤	化学式	形態
pH を上げる		
炭酸カルシウム	$CaCO_3$	粉末，粒状
水酸化カルシウム（消石灰）	$Ca(OH)_2$	粉末，粒状
酸化カルシウム（生石灰）	CaO	塊状，小石，破砕物
ドロマイト	CaO，MgO	塊状，小石，破砕物
水酸化マグネシウム	$Mg(OH)_2$	粉末
酸化マグネシウム	MgO	粉末，粒状
炭酸水素ナトリウム	$NaHCO_3$	粉末，粒状
炭酸ナトリウム	Na_2CO_3	粉末
水酸化ナトリウム	$NaOH$	フレイク，液体
pH を下げる		
炭酸	H_2CO_3	気体（CO_2）
塩酸	HCl	液体
硫酸	H_2SO_4	液体

(Metcalf & Eddy, Inc., "Wastewater Engineering", McGraw–Hill (2003) のデータから作成)

pH 調整剤は，反応のしやすさ，作業性，経済性，安全性，スラッジ生成の影響などを考慮して選定される。

pH は，酸およびアルカリの調整だけでなく，凝集沈澱操作（第 7 章を参照）においても重要である。例えば，アルカリ凝集沈澱法では，pH により金属の溶解度が変化することを利用して，水酸化ナトリウム（苛性ソーダ），消石灰などのアルカリにより重金属を水酸化物として沈澱させる。析出しにくい金属であっても共沈現象により除去できるものもある。

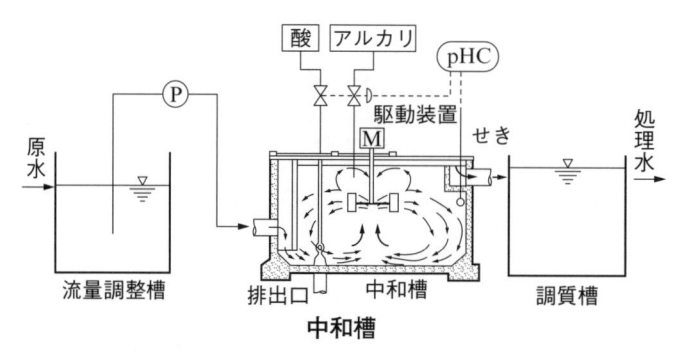

中和槽

■水の pH

雨の pH は約 6，水道水の pH は 5.8〜8.6（水道水の基準）である。我が国の自然水は通常 pH 5〜9 の間であるが，浅井戸水の pH はやや低い傾向にあり，藻類の繁殖した湖沼などは高い pH を示す。

第4章

物質収支

4.1 物質収支式

物質収支とは，対象となる領域における特定の物質の出入りの収支（バランス）を考えることであり，現象を定量的に理解するために非常に重要である。

質量やエネルギーは，形態は変わることはあっても，それ自体が創造されることもなければ，消滅することもない。目的に応じた領域（微小区間，単位操作，プロセス，工場全体，地球など）に対して，質量保存則を適用し（図4-1）物質収支式を求めると次式が得られる。

$$入量 = 出量 + 蓄積量（もしくは損失量） \tag{4.1}$$

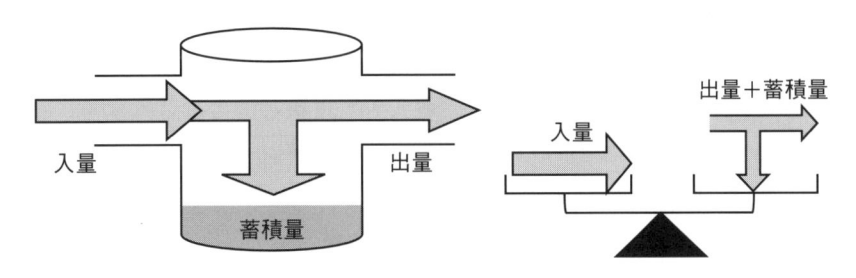

図4-1 物質収支（バランス）の考え方

問題 4.1　掘削排水の鉄イオン除去[1]

掘削排水の鉄イオン除去プロセス（図4-2）の物質収支を考える。鉱山の掘削による排水には $9.58\ \mathrm{mg\ L^{-1}}$ の Fe^{2+} が溶存している。曝気槽で空気を吹き込みすべての Fe^{2+} を酸化し，水酸化鉄($Fe(OH)_3$) として沈殿させた。

4 物質収支

$$4\,\text{Fe}^{2+} + 6\,\text{H}_2\text{O} + 3\,\text{O}_2 \rightarrow 4\,\text{Fe(OH)}_3 \tag{4.2}$$

その後，沈澱槽において浮遊粒子（SS：Suspended Solid）である水酸化鉄を分離した。原水（鉱山掘削排水）の流量 Q_1 は 12,000 L h^{-1}，処理水（上澄み液）の SS 濃度 $C_{SS,2}$ は 4.15 mg L^{-1}，抜出し液の流量 Q_3 は 32 L h^{-1} である。処理水の流量 Q_2 [L h^{-1}] と抜出し液に含まれる SS 濃度 $C_{SS,3}$ [mg L^{-1}] を求めなさい。鉄イオンの分子量を 55.8，水酸化鉄の分子量を 106.8 とする。

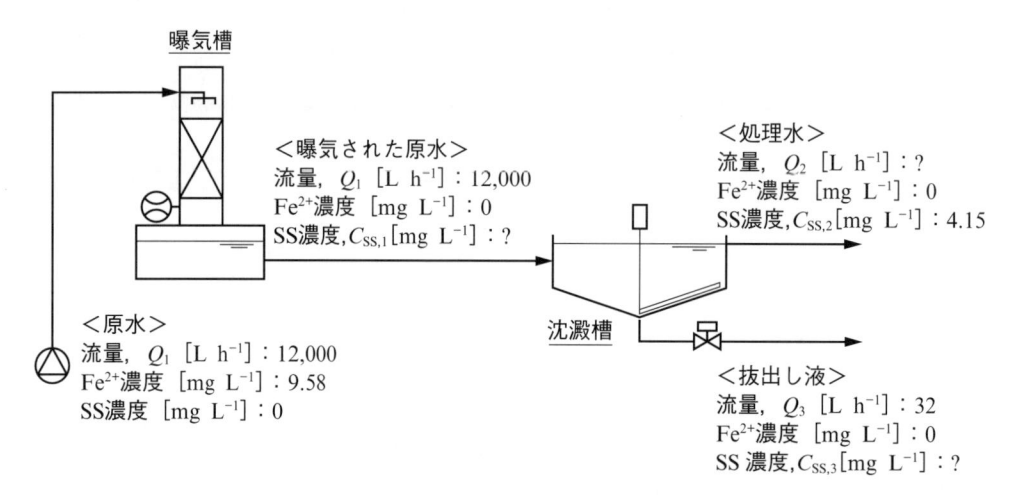

図 4-2　鉱山掘削排水の鉄イオン除去プロセス[1]

解説

流量の収支（総括物質収支）をとると次式を得る。

$$Q_1 = Q_2 + Q_3 \tag{4.3}$$

式(4.3)より，処理水の流量を求める。

$$Q_2 = Q_1 - Q_3 = 12{,}000 - 32 = 11{,}968 \text{ L h}^{-1} \tag{4.4}$$

曝気槽に入ってきた鉄イオンがすべて SS（水酸化鉄）になることから，生成する SS 濃度 $C_{SS,1}$ を反応式(4.2)から計算する。4 mol の鉄イオンが 4 mol の水酸化鉄になることから，9.58 mg L^{-1} の鉄イオンは，

$$C_{SS,1} = 9.58 \text{ mg L}^{-1} \times \frac{4\,\text{mol} \times 106.8\,\text{g moL}^{-1}}{4\,\text{mol} \times 55.8\,\text{g moL}^{-1}} = 18.33 \text{ mg L}^{-1} \tag{4.5}$$

の SS を生成することがわかる。

沈澱槽に流入する SS の量は次式で計算される。

$$\text{沈澱槽に流入する SS の量} = C_{SS,1} Q_1 = 18.33 \times 12{,}000 = 220{,}031 \text{ mg h}^{-1} \tag{4.6}$$

SS の沈澱槽についての物質収支は，

$$C_{SS,1} Q_1 = C_{SS,2} Q_2 + C_{SS,3} Q_3 \tag{4.7}$$

抜出し液に含まれるSS濃度 $C_{SS,3}$ はこの式を変形した次式から求められる。

$$C_{SS,3} = \frac{C_{SS,1}Q_1 - C_{SS,2}Q_2}{Q_3} = \frac{18.33 \times 12,000 - 4.15 \times 11,968}{32} = 5,322 \text{ mg L}^{-1}$$
(4.8)

Excel による計算

① セル[F8]に処理水の流量を求めるための式(4.4)「=F3−F13」を入力する。
② セル[C5]に生成するSS濃度を求めるための式(4.5)「=F4/C2*C3」を入力する。
③ セル[C6]に生成するSSの量を求めるための式(4.6)「=F3*C5」を入力する。
④ セル[F15]に抜出し液に含まれるSS濃度を求めるための式(4.8)「=(C6−F8*F10)/F13」を入力する。
⑤ 図4-3に問題の解答を示す。

	A	B	C	D	E	F
1						
2		Fe^{2+}の分子量 [g mol⁻¹]	55.8		原水	
3		$Fe(OH)_3$の分子量 [g mol⁻¹]	106.8		流量 Q_1 [L h⁻¹]	12000
4					Fe^{2+}濃度 [mg L⁻¹]	9.58
5		生成するSS濃度 $C_{SS,1}$ [mg L⁻¹]	18.3359		SS濃度 [mg L⁻¹]	0
6		生成するSS量 [mg h⁻¹]	220031			
7					処理水	
8					流量 Q_2 [L h⁻¹]	11968
9					Fe^{2+}濃度 [mg L⁻¹]	0
10					SS濃度 $C_{SS,2}$ [mg L⁻¹]	4.15
11						
12					抜出し液	
13					流量 Q_3 [L h⁻¹]	32
14					Fe^{2+}濃度 [mg L⁻¹]	0
15					SS濃度 $C_{SS,3}$ [mg L⁻¹]	5323.87
16						

図4-3 問題4.1の解答

<参考文献>

1) Simon J., "Process Science and Engineering for Water and Wastewater Treatment", IWA (2002)

資料・解説

■自動車製造工場排水処理システムの物質収支

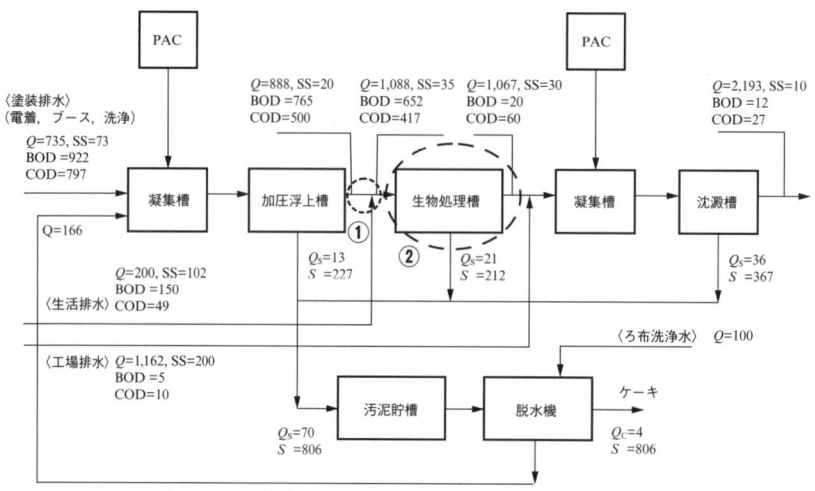

（吉村二三隆，『これでわかる水処理技術』，工業調査会(2002)のデータから作成）

加圧浮上槽からの排水と生活排水の合流点（図中の①のサークル）における物質収支を考える。流量 Q の収支（総括物質収支）は，

$$[888+200](入量) = 1,088(出量) \text{ m}^3 \text{ day}$$

SS（懸濁物質）の物質収支は，

$$[888 \times 20 + 200 \times 102](入量) = 1,088 \times 35(出量) \text{ g day}$$

BOD（生物化学的酸素要求量）の物質収支は

$$[888 \times 765 + 200 \times 150](入量) = 1,088 \times 652(出量) \text{ g day}$$

COD（化学的酸素要求量）の物質収支は，

$$[888 \times 500 + 200 \times 49](入量) = 1,088 \times 417(出量) \text{ g day}$$

となる。

生物処理装置（硝化・脱窒生物処理と沈澱槽から構成される）のまわり（図中の②のサークル）について流量の収支を取ると，

$$1,088(入量) = [21+1,067](出量) \text{ m}^3 \text{ day}$$

生物処理槽における汚泥発生量の計算をする。生物処理槽に流入するBOD量は，

$$流入 BOD = 1,088 \text{ m}^3 \text{ day} \times 652 \text{ g m}^3 = 709 \text{ kg day}$$

流入BOD量の30%が余剰汚泥になるとすると，生物処理槽における余剰汚泥の発生量は，

$$生物処理槽における汚泥発生量(S) = 709 \times 0.3 = 212 \text{ kg day}$$

と求められる。（なお，数値は四捨五入のため多少ずれている）

第 5 章

BOD

5.1 BOD の定義

　工場排水や河川などの汚染状態を表すのに使われる BOD（Biochemical Oxygen Demand）は，生物化学的酸素要求量と呼ばれ，一定条件下で微生物が水中の有機物質を分解するときに消費する溶存酸素の量のことである。光を遮断して 20℃ で 5 日間保持し，この間に消費された溶存酸素量を測定することにより得られ，BOD_5 と表記する。単位には mg L^{-1} が用いられる。

　河川や排水には多種類の有機物質が含まれている。微細な無機物を吸着していることもある。このような状態の中で，厳密に有機物質だけを分離し測定することは不可能に近い。河川や湖沼では，水中の有機物質は微生物によって次第に分解される。その際，溶存酸素が消費される。この現象を利用して，間接的な指標であるが水中の有機物質濃度を表すのが BOD である。水中の溶存酸素が充分にあれば，BOD は水中の有機物質濃度に比例する。BOD は，有機物汚染の目安とすることができると考えられ，測定の容易さなどから広く用いられている。

5.2 工場排水の BOD

問題 5.1 　食品工場排水の BOD

　食品工場排水のサンプルを 20 倍に希釈したもの（希釈率 $P=20$）を BOD 測定ビンにとり，20℃ の恒温槽に入れて 5 日間放置した。希釈したサンプルのはじめの溶存酸素濃度は $D_1=8.52$ mg L^{-1} であり，5 日後には $D_2=3.21$ mg L^{-1} に減少していた。このサンプルの BOD（BOD_5）の値 C_2 を求めなさい。流量 Q_1 が 1.32 m^3 s^{-1}，BOD

5 BOD

濃度 C_1 が 0.8 mg L^{-1} の河川に，先ほどの工場排水が流量 $Q_2=8.57\times10^{-3}$ m^3 s^{-1} で流入した（**図 5-1**）。工場排水流入後の河川水の BOD 濃度 C_3[mg L^{-1}] を計算しなさい。ただし，排水と河川水は完全に混合しているとする。

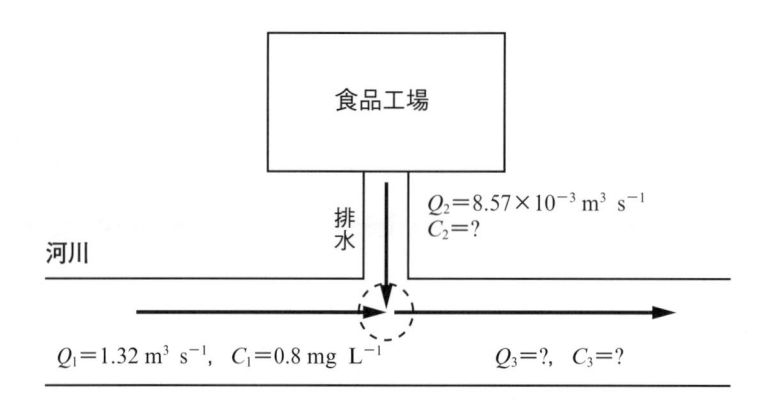

図 5-1 食品工場の排水

解 説

有機物質を分解するために微生物によって消費された希釈サンプルの溶存酸素は，(D_1-D_2) である。サンプルは 20 倍に希釈されているため（希釈率 $P=20$），サンプルの溶存酸素変化量は希釈サンプルの 20 倍である。それゆえ，サンプルの BOD 値は次式で計算できる。

$$\text{BOD}_5[\text{mg L}^{-1}] = (D_1-D_2)P = (8.52-3.21)\times 20 = 106.2 \text{ mg L}^{-1} \quad (5.1)$$

河川と工場排水の合流地点での BOD の物質収支は，

$$Q_1C_1+Q_2C_2=Q_3C_3 \quad (5.2)$$

である。Q_1, Q_2, Q_3 は，それぞれ合流前の河川の流量，合流前の工場排水の流量，合流後の河川の流量である。また，C_1, C_2, C_3 は，それぞれ合流前の河川水の BOD 値，合流前の工場排水の BOD 値，合流後の河川水の BOD 値である。

河川と工場排水の合流地点での流量の収支は，

$$Q_1+Q_2=Q_3 \quad (5.3)$$

式(5.2)を C_3 についてまとめ，式(5.3)を代入すると，

$$C_3 = \frac{Q_1C_1+Q_2C_2}{Q_1+Q_2} = \frac{1.32\times 0.8+(8.57\times 10^{-3})\times 106.2 \text{ mg L}^{-1}}{1.32+(8.57\times 10^{-3})}$$

$$=1.48 \text{ mg L}^{-1} \quad (5.4)$$

となる。

式(5.4)で工場排水流入後の河川水の BOD 濃度 C_3 を求められるが，ここでは「ゴールシーク」を用いて計算することにする。「ゴールシーク」で解くために，式(5.2)

を残余関数の形に変形する（式の左辺あるいは右辺を移項して＝0の形にする）と，
$$0 = Q_3 C_3 - (Q_1 C_1 + Q_2 C_2) \tag{5.5}$$
となる．式(5.5)を満たすようなC_3を「ゴールシーク」を用いて求める．

Excel による計算

① セル[C 5]にBOD_5を求めるための式(5.1)「＝(C 2－C 3)*C 4」を入力する．
② セル[C 12]に合流後の河川の流量を求めるための式(5.3)「＝C 10＋C 7」を入力する．
③ セル[C 13]には，求めようとしている合流後の河川水のBOD値の初期値として「1」を入力する．合流後の河川水のBOD値は合流前の河川水のBOD値（0.8 mg L^{-1}）よりも少し高くなると予測し，ここでは「1」とした．
④ セル[E 13]には，解こうとしている残余関数である式(5.5)「＝C 13*C 12－(C 7*C 8＋C 5*C 10)」を入力する．
⑤ メニューバーの「ツール」をクリックし，出てくるメニューの中にある「ゴールシーク」を起動する．
⑥ 合流後の河川水のBOD値（変化させるセル：セル[C 13]）の数値を変化させてセル[E 13]に入力された残余関数（数式入力セル）の値を「0」（目標値）にするため，図5-2に示すような設定を「ゴールシーク」に入力し，「OK」ボタンをクリックする．

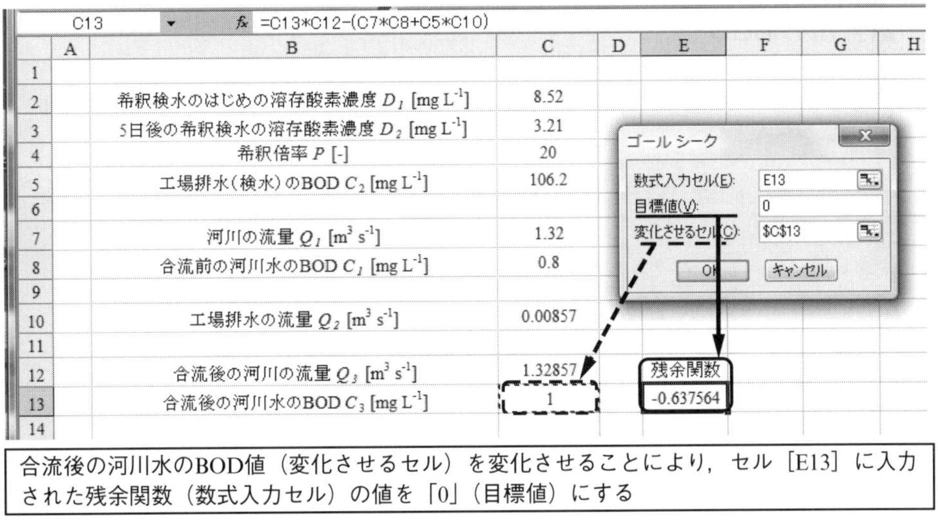

図5-2 ゴールシークの設定

⑦ **図 5-3** に示す画面が表示され計算結果がシートに記入される。

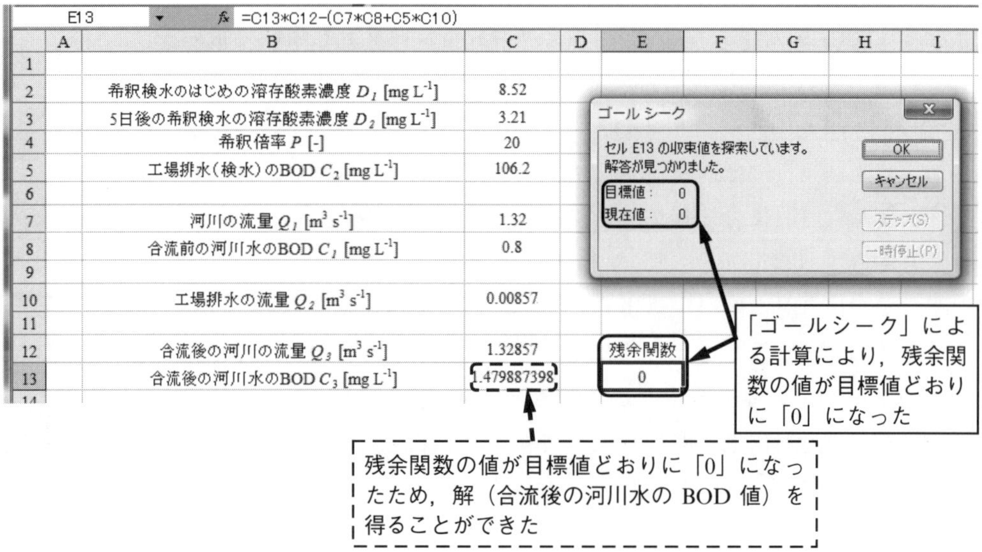

図 5-3 問題 5.1 の解答

資料・解説

■河川の BOD

河川の汚れ程度と BOD および溶存酸素濃度（DO）は下の表に示すような関係がある。

汚れの程度	BOD $[\mathrm{mg\ L^{-1}}]$	DO $[\mathrm{mg\ L^{-1}}]$	主な生息生物
きれいな水	≤2	≥7.5	ヤマメ，サワガニ，カワゲラ
少し汚い水	≤5	≥5	コイ，フナ，緑藻類
汚い水	≤10	≥2	タニシ，原生動物，藍藻類
大変汚い水	10 以上	2 以下	ユスリカ，ザリガニ，アメーバ

第6章

COD

6.1　COD の定義

COD（Chemical Oxygen Demand）は化学的酸素要求量と呼ばれ，水中の有機物質が一定条件のもとで，酸化剤により酸化分解されるのに必要な酸化剤の量を，酸素の量に換算した値である。酸化剤としては，過マンガン酸カリウム（$KMnO_4$）あるいは，二クロム酸カリウム（$K_2Cr_2O_7$）が用いられる。BOD の測定には時間がかかるため（第5章　BOD），より簡便に測定できる COD が水処理の分野では広く用いられている。

6.2　理論 COD 値

COD 値は，有機物質を酸化するのに必要な酸素の量と考えることができるので，有機物質の燃焼式から理論的な COD 値を計算することができる。

例として，128 mg L^{-1} のメタノール水溶液の理論 COD 値を求める。メタノールの燃焼は次式で与えられる。

$$2\,CH_3OH + 3\,O_2 \rightarrow 2\,CO_2 + 4\,H_2O \tag{6.1}$$

燃焼式(6.1)からメタノール 2 mol を完全酸化するのに必要な酸素は 3 mol だとわかる。メタノールの分子量は 32 であり，酸素の分子量は 32 であることから，2 mol ×32 g mol^{-1}=64 g のメタノールを完全酸化するのに，3 mol×32 g mol^{-1}=96 g の酸素が必要であることが計算できる。メタノールと完全酸化に必要な酸素の重量比をとると，96 g–oxygen/64 g–methanol=1.5 g–oxygen/g–methanol となり，1 g のメタノールを完全酸化するのに必要な酸素は 1.5 g だとわかる。この係数を使うことにより，128 mg L^{-1} のメタノール水溶液の理論 COD 値は，次のように求めることができる。

6 COD

$$128 \text{ mg-methanol L}^{-1} = 128 \text{ mg-methanol L}^{-1} \times 1.5 \text{ g-oxygen/g-methanol}$$
$$= 192 \text{ mg-oxygen L}^{-1} \qquad (6.2)$$

表6-1に，各種有機物質のCOD値を求めるための係数の表を示す。過マンガン酸カリウムあるいは，二クロム酸カリウムを用いた実際のCODの測定において，完全酸化は達成されないことがわかる。特に，過マンガン酸カリウムを用いた測定においては，理論COD値とかなり異なった値となる。表6-1には，理論値の欄には物質濃度からCOD値を算出する理論係数を示し，COD_{Cr}の欄には二クロム酸カリウムを用いた実際のCODの測定についての係数と完全酸化の達成度を示し，COD_{Mn}の欄には過マンガン酸カリウムを用いたときのそれらの値を示してある。有機物質の酸化剤による酸化されやすさの違いによって完全酸化の達成度は大きく異なる。

128 mg L^{-1}のメタノール水溶液のCOD値（理論COD値は192 mg L^{-1}）は，二クロム酸カリウムを用いた測定では，

$$128 \text{ mg-methanol L}^{-1} = 128 \text{ mg-methanol L}^{-1} \times 1.43 \text{ g-oxygen/g-methanol}$$
$$= 183 \text{ mg-oxygen L}^{-1} \qquad (6.3)$$

表6-1 各種有機物質COD値の比較[1]（測定値が理論値から大きく異なる物質もある）

物質名	理論値 [g/g]	COD_{Cr} [g/g]	COD_{Cr} [%]	COD_{Mn} [g/g]	COD_{Mn} [%]
酢酸	1.07	1.00	93.5	0.074	7
プロピオン酸	1.51	1.46	96.7	0.13	8
酪酸	1.82	1.77	97.3	0.079	4
ステアリン酸	2.93	2.71	92.5	0	0
乳酸	1.07	0.93	86.8	0.42	40
メタノール	1.50	1.43	95.3	0.40	27
エタノール	2.09	1.97	94.3	0.23	11
ベンゼン	3.08	0.52	16.9	0	0
トルエン	3.13	0.66	21.0	<1.0	<1
フェノール	2.38	2.34	98.3	1.61	68
安息香酸	1.97	1.95	99.0	0.085	4
グルコース	1.07	1.05	97.6	0.63	59
可溶化デンプン	1.19	1.03	86.5	0.72	61
セルロース	1.19	1.09	92.0	0	0
グリシン	0.64	0.63	98.1	0.02	3
グルタミン酸	0.98	1.00	102	0.06	6
アラニン	1.08	1.05	97.2	0.007	<1

・COD_{Cr}，COD_{Mn}ともに触媒として硫酸銀を使用している。
・[g/g]は物質1gを完全酸化するのに必要な酸素のg数のことである。

となり，過マンガン酸カリウムを用いた測定では，

$$128 \text{ mg–methanol L}^{-1} = 128 \text{ mg–methanol L}^{-1} \times 0.4 \text{ g–oxygen/g–methanol}$$
$$= 51.2 \text{ mg–oxygen L}^{-1} \tag{6.4}$$

となると予測される。

問題 6.1　COD の測定値

グルコース($C_6H_{12}O_6$：分子量 180.16)水溶液(300 mg L^{-1})の COD 値を，過マンガン酸カリウム(KMnO$_4$)による滴定により求める。検水（サンプル）10 mL に水を加え 100 mL として滴定したとき，滴定に要する N/40 (1/40 規定) 過マンガン酸カリウム量[mL]を予測しなさい。空試験（水の COD 値測定）の結果は 0.2 mL であり，N/40 過マンガン酸カリウムのファクター f（理論濃度 N/40 とのずれ）は 1.100 であった。規定度 1 N は，1 mol の電子を授受する酸化剤あるいは還元剤のモル濃度である。

解説

グルコース($C_6H_{12}O_6$)の完全酸化の式は次のように書くことができる。

$$C_6H_{12}O_6 + 6 O_2 \rightarrow 6 CO_2 + 6 H_2O \tag{6.5}$$

燃焼式(6.5)より，1 mol のグルコースを完全酸化するのに必要な酸素は 6 mol である。重量に換算すると，1 mol×180.16 g mol^{-1}＝180.16 g のグルコースの燃焼には 6 mol×32 g mol^{-1}＝180 g の酸素が必要になる。グルコースと完全酸化に必要な酸素の比（COD 値を算出する係数）は，180 g–oxygen/180.16 g–glucose＝1.07 g–oxygen/g–glucose となり，1 g のグルコースを完全酸化するのに必要な酸素は 1.07 g だとわかる（表 6–1）。この係数を使うことにより，300 mg L^{-1} のグルコース水溶液の理論 COD 値は，

$$300 \text{ mg–glucose L}^{-1} = 300 \text{ mg–glucose L}^{-1} \times 1.07 \text{ g–oxygen/g–glucose}$$
$$= 321 \text{ mg–oxygen L}^{-1} \tag{6.6}$$

実際の COD 測定において二クロム酸カリウムを用いて測定を行えば，概ね理論 COD 値に近い値が得られるが，この問題では過マンガン酸カリウムを用いた測定を行う。そのため，測定ではグルコースを完全に酸化することはできず，表 6–1 によればグルコースの 59% が酸化されて COD 値として求められることになる。つまり，測定される COD 値は次のように推算される。

$$321 \text{ mg–oxygen L}^{-1} \times 0.59 = 189.4 \text{ mg–oxygen L}^{-1} \tag{6.7}$$

有機物質は過マンガン酸カリウムに電子を奪われることにより酸化するが，過マンガン酸カリウムは次式のように電子を奪う。

$$MnO_4^- + 8 H^+ + 5 e^- \rightarrow Mn^{2+} + 4 H_2O \tag{6.8}$$

反応式(6.8)より，過マンガン酸カリウム 1 mol は 5 mol の電子を奪うことがわか

る。酸素は次式のように電子を奪う。

$$O_2 + 4H^+ + 4e^- \rightarrow 2H_2O \tag{6.9}$$

反応式(6.9)より，酸素1 molは4 molの電子を奪うことがわかる。以上のことから，1 molの過マンガン酸カリウムは5/4 molの酸素に相当することがわかる。

CODの測定にはN/40の過マンガン酸カリウムを使用する。1 molの過マンガン酸カリウムは5 molの電子を奪うため，N/40の過マンガン酸カリウムの濃度は，

$$1/(40 \times 5) = 0.005 \text{ mol L}^{-1} \tag{6.10}$$

である。相当の酸素濃度に換算すると，

$$0.005 \text{ mol L}^{-1} \times \frac{5}{4} \times 32 \text{ g mol}^{-1} = 0.2 \text{ g L}^{-1} = 0.2 \text{ mg mL}^{-1} \tag{6.11}$$

となる。式(6.11)より，1 mLのN/40の過マンガン酸カリウム溶液は0.2 mgの酸素に相当することがわかる。

測定されるCODの推定値は189.4 mg L^{-1}であり，検水が10 mLなので，酸化するのに必要な酸素の量は，

$$189.4 \text{ mg L}^{-1} \times 10 \text{ mL}/1000 \text{ mL L}^{-1} = 1.894 \text{ mg} \tag{6.12}$$

である。

以上より，滴定に要するN/40過マンガン酸カリウム量[mL]はファクターfが1.100であることと空試験の結果が0.2 mLであったことを考慮すると次のように求められる。

$$\frac{1.894 \text{ mg}}{(0.2 \text{ mg mL}^{-1} \times 1.100)} + 0.2 \text{ mL} = 8.8 \text{ mL} \tag{6.13}$$

Excelによる計算

① セル[C 12]に理論COD値を求めるための式(6.6)(「=C 2*C 5」)を入力する。
② セル[C 13]に過マンガン酸の酸化率を考慮した理論COD値を求めるための式(6.7)「=C 12*C 6」を入力する。
③ セル[C 14]にN/40の過マンガン酸カリウム濃度を求めるための式(6.8)「=C 7/5」を入力する。
④ セル[C 15]にN/40の過マンガン酸カリウム溶液の相当酸素濃度を求めるための式(6.11)「=C 14/4*5*C 4」を入力する。
⑤ セル[C 16]にグルコース水溶液を酸化するのに必要な酸素の量を求めるための式(6.12)「=C 13*C 10/1000」を入力する。
⑥ セル[C 17]に滴定に要する過マンガン酸カリウム量を求めるための式(6.13)「=C 16/(C 15*C 8)+C 9」を入力する。
⑦ 図6-1に問題の解答を示す。

6.2 理論COD値—問題6.1 CODの測定値

	A	B	C
1			
2		グルコース濃度 [mg L^{-1}]	300
3		グルコース($C_6H_{12}O_6$)分子量 [g mol^{-1}]	180.16
4		酸素(O_2)分子量 [g mol^{-1}]	32
5		CODの換算係数 [g g^{-1}]	1.07
6		過マンガン酸カリウムによる酸化率 [-]	0.59
7		過マンガン酸カリウム濃度 [N]	0.025
8		ファクター [-]	1.1
9		空試験の結果 [mL]	0.2
10		検水の量 [mL]	10
11			
12		グルコース水溶液の理論COD値 [mg L^{-1}]	321
13		過マンガン酸の酸化率を考慮した理論COD値 [mg L^{-1}]	189.39
14		N/40の過マンガン酸カリウム濃度 [mol L^{-1}]	0.005
15		N/40の過マンガン酸カリウム溶液の相当酸素濃度 [mg mL^{-1}]	0.2
16		グルコース水溶液を酸化するのに必要な酸素の量 [mg]	1.8939
17		滴定に要する過マンガン酸カリウム量 [mL]	8.808636364

図6-1 問題6.1の解答

<参考文献>

1) 徳平 淳,『用水と排水』, 12 (2), 10-20 (1970)

資料・解説

■排水のBODとCODおよびTOC（全有機炭素）の関係

排水の種類	(BOD)/(COD)	(BOD)/(TOC)
未処理	0.3〜0.8	1.2〜2.0
1次処理後	0.4〜0.6	0.8〜1.2
最終処理後	0.1〜0.3	0.2〜0.5

(Metcalf & Eddy, Inc., "Wastewater Engineering", McGraw-Hill (2003) より作成)

処理しようとしている排水の(BOD)/(COD)比が0.5以上であると，生物処理は容易であると考えられる。一方，(BOD)/(COD)比が0.3以下の場合は，排水に有害物質を含んでいると考えられ菌体を馴化する（慣らす）必要がある。

6 COD

■各種排水の BOD, COD, TOC

下の表に各種の工場からの排水の典型的な BOD, COD, TOC の値は示す。

排水	BOD [mg L^{-1}]	COD [mg L^{-1}]	TOC [mg L^{-1}]	BOD/TOC	COD/TOC
化学工場	24,000	41,300	9,500	2.53	4.35
石油精製工場	—	580	160	—	3.62
石油化学工場	—	3,340	900	—	3.32
化学工場	850	1,900	580	1.47	3.28
化学工場	700	1,400	450	1.55	3.12
化学工場	8,000	17,500	5,800	1.38	3.02
化学工場	60,700	78,000	26,000	2.34	3.00
化学工場	62,000	143,000	48,140	1.28	2.96
化学工場	9,700	15,000	5,500	1.76	2.72
ナイロン製造	—	112,600	44,000	—	2.50
オレフィン製造	—	321	133	—	2.40
ブタジエン製造	—	359	156	—	2.30
合成ゴム製造	—	192	110	—	1.75

・TOC は全有機炭素である。一般に COD ≈ 1.6 BOD の関係があると言われている。

(Eckenfelder, W. W., "Industrial Water Pollution Control", McGraw–Hill (2000) より作成)

第7章

沈澱・凝集

7.1 沈澱

溶液に溶けない物質が，重力により溶液の底に沈んでいく現象のことを沈澱という。沈澱させるには，凝集させる方法と難溶性の塩を生成する方法がある。

7.2 溶解・飽和濃度

溶質分子の周りを溶媒分子が囲むこと（溶媒和）により，溶質分子がばらばらの状態で溶媒中に存在することを「溶けている」という。溶質が溶媒に溶けるかどうかは，溶質と溶媒の相互作用の有無や強弱によって決まる。

溶質が溶媒に溶けるとしても，無限に溶けるわけではなく限界が存在する。限界の溶質の濃度を飽和濃度または溶解度という。飽和濃度以上に溶質を加えても，溶液中に溶けきれずに固体の状態のまま存在することになる。飽和濃度は，一般的には温度上昇とともに大きくなる。ただし，水酸化カルシウム水溶液のように，温度上昇とともに飽和濃度が減少していく場合もある。

7.3 溶解度積

水酸化鉄（$Fe(OH)_3$）水溶液中では，次の平衡反応が起きていると考えられる。

$$Fe(OH)_3 \rightleftarrows Fe^{3+} + 3\,OH^- \tag{7.1}$$

平衡状態においては，反応式(7.1)の右側への反応と左側への反応の反応速度が釣り合っている。そのため，反応速度定数 k_1, k_2 を用いて表せば，

$$k_1[\text{Fe(OH)}_3] = k_2[\text{Fe}^{3+}][\text{OH}^-]^3 \tag{7.2}$$

$$\frac{k_1}{k_2} = \frac{[\text{Fe}^{3+}][\text{OH}^-]^3}{[\text{Fe(OH)}_3]} = K \tag{7.3}$$

となる。K は平衡定数を示す。

水酸化鉄は水に難溶であるため，$[\text{Fe(OH)}_3]$ はほとんど変化せず一定であり定数として扱うことができる。そのため，式(7.3)は次のように書き換えられる。

$$[\text{Fe}^{3+}][\text{OH}^-]^3 = K[\text{Fe(OH)}_3] = K_{\text{sp}} \tag{7.4}$$

式(7.4)の K_{sp} を溶解度積または溶解度定数といい，難溶解性化合物の溶解と沈澱の平衡関係を表す重要な指標である。

不飽和溶液では $[\text{Fe}^{3+}][\text{OH}^-]^3 < K_{\text{sp}}$ の状態にあり，未溶解の $[\text{Fe(OH)}_3]$ が存在する場合は $[\text{Fe}^{3+}][\text{OH}^-]^3 = K_{\text{sp}}$（飽和）になるまで溶解する。過飽和溶液では $[\text{Fe}^{3+}][\text{OH}^-]^3 > K_{\text{sp}}$ の状態にあり，Fe(OH)_3 が析出し始め沈澱物が生じる。最終的に $[\text{Fe}^{3+}][\text{OH}^-]^3 = K_{\text{sp}}$（飽和）になるまで沈澱物が生成し続ける。

問題7.1　自動車塗料排水の亜鉛イオンの凝集沈澱

自動車塗料排水中には，$72\,\text{mg L}^{-1}$ の亜鉛イオン Zn^{2+} が含まれている。水酸化ナトリウムを用いた凝集沈澱法で，亜鉛イオンを水酸化物（Zn(OH)_2）として排水中から除去したい。排水中の亜鉛イオンの平衡濃度を排水基準値である $2\,\text{mg L}^{-1}$ にするためには，理論上排水の pH をいくつに調整すれば良いか求めなさい。Zn(OH)_2 の溶解度積は 1×10^{-17} とする。

解説

亜鉛イオンは，水中で次の平衡反応が成り立っていると考えられる。

$$\text{Zn(OH)}_2 \rightleftarrows \text{Zn}^{2+} + 2\,\text{OH}^- \tag{7.5}$$

Zn(OH)_2 の溶解度積は 1×10^{-17} であることから，平衡状態では次式が成り立つ。

$$[\text{Zn}^{2+}][\text{OH}^-]^2 = K_{\text{sp}} = 1 \times 10^{-17} \tag{7.6}$$

水素イオン濃度は，第3章 pH の計算でも説明したように次式で計算できる。

$$[\text{H}^+] = 10^{-\text{pH}}\,\text{mol L}^{-1} \tag{7.7}$$

水素イオン濃度と水酸化物イオン濃度は次のような関係がある。

$$K_{\text{W}} = [\text{H}^+][\text{OH}^-] \cong 10^{-14} \tag{7.8}$$

式(7.7)と(7.8)から，水酸化物イオン濃度の式として次式が得られる。

$$[\text{OH}^-] = \frac{10^{-14}}{[\text{H}^+]} = \frac{10^{-14}}{10^{-\text{pH}}} = 10^{-(14-\text{pH})}\,\text{mol L}^{-1} \tag{7.9}$$

式(7.6)に式(7.9)を代入すると，

$$[\text{Zn}^{2+}][\text{OH}^-]^2 = [\text{Zn}^{2+}](10^{-(14-\text{pH})})^2 = 1 \times 10^{-17} \tag{7.10}$$

この式から，亜鉛イオン濃度とpHの関係の式として次式が得られる。

$$[\text{Zn}^{2+}] \text{mol L}^{-1} = \frac{K_{sp}}{[\text{OH}^-]^2} = \frac{1 \times 10^{-17}}{(10^{-(14-\text{pH})})^2} = 10^{-(2\text{pH}-11)} \tag{7.11}$$

亜鉛イオン濃度の単位を[mol L^{-1}]から[mg L^{-1}]に換算する。亜鉛の分子量は65.39である。

$$\begin{aligned}[\text{Zn}^{2+}] \text{mg L}^{-1} &= [\text{Zn}^{2+}] \frac{\text{mol}}{\text{L}} \times \frac{65.39 \text{ g}}{1 \text{ mol}} \times \frac{1000 \text{ mg}}{1 \text{ g}} \\ &= [\text{Zn}^{2+}(\text{mol L}^{-1})] \times 65.39 \times 10^3 \end{aligned} \tag{7.12}$$

「ゴールシーク」を用いて，式(7.12)で求められる平衡時の排水中の亜鉛イオン濃度が2 mg L^{-1}になるようにpHの値を変化させることにより，解を求める。

Excelによる計算

① セル[C6]にpHの初期値「7」を入力する（任意ではあるが，pHの値なので0〜14の範囲の値）。

② セル[C7]にpHから水素イオン濃度を求めるための式(7.7)「=10^−C6」を入力する。

③ セル[C8]に水酸化物イオン濃度を求めるための式(7.9)「=C4/C7」を入力する。

④ セル[C10]に亜鉛イオン濃度[mol L^{-1}]を求めるための式(7.11)から得られる式「=C3/C8^2」を入力する。

⑤ セル[C11]に亜鉛イオン濃度[mol L^{-1}]を[mg L^{-1}]に換算するための式(7.12)「=C10*C2*1000」を入力する。

⑥ 「ゴールシーク」を用いて，セル[C11]に入力されている亜鉛イオン濃度[mg L^{-1}]の式の値（数式入力セル）が「2」の数値（目標値）になるように，セル[C6]にpHの初期値として入力した値（変化させるセル）を変化させる。図7-1に「ゴールシーク」の設定例を示す。

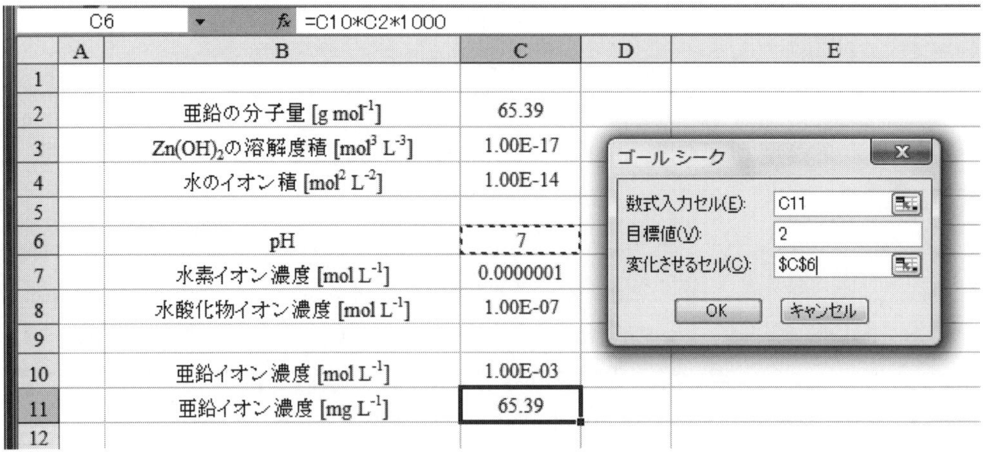

C6 | f_x =C10*C2*1000

	A	B	C	D	E
1					
2		亜鉛の分子量 [g mol^{-1}]	65.39		
3		$Zn(OH)_2$の溶解度積 [mol^3 L^{-3}]	1.00E-17		
4		水のイオン積 [mol^2 L^{-2}]	1.00E-14		
5					
6		pH	7		
7		水素イオン濃度 [mol L^{-1}]	0.0000001		
8		水酸化物イオン濃度 [mol L^{-1}]	1.00E-07		
9					
10		亜鉛イオン濃度 [mol L^{-1}]	1.00E-03		
11		亜鉛イオン濃度 [mg L^{-1}]	65.39		
12					

図 7–1　ゴールシークの設定例

⑦　**図 7–2** に示すように解が表示される。排水の pH を 7.76 以上に調整することにより，排水中の亜鉛イオンの平衡濃度を排水基準値である 2 mg L^{-1} 以下にすることができる。

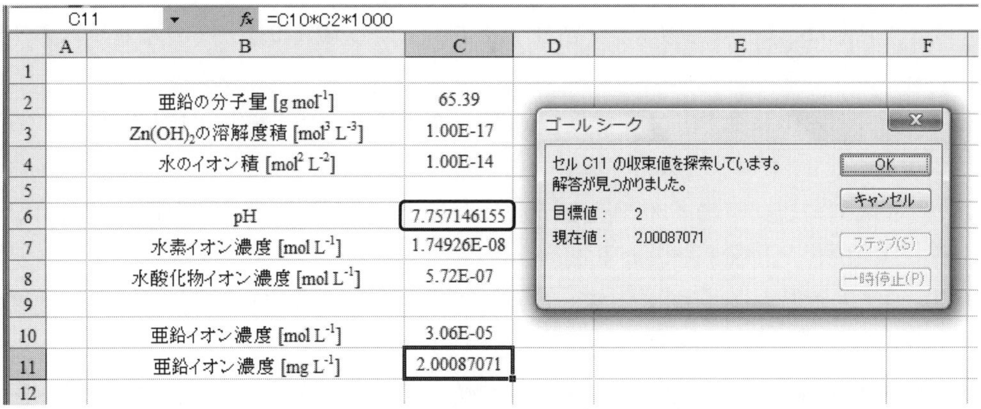

C11 | f_x =C10*C2*1000

	A	B	C	D	E	F
1						
2		亜鉛の分子量 [g mol^{-1}]	65.39			
3		$Zn(OH)_2$の溶解度積 [mol^3 L^{-3}]	1.00E-17			
4		水のイオン積 [mol^2 L^{-2}]	1.00E-14			
5						
6		pH	7.757146155			
7		水素イオン濃度 [mol L^{-1}]	1.74926E-08			
8		水酸化物イオン濃度 [mol L^{-1}]	5.72E-07			
9						
10		亜鉛イオン濃度 [mol L^{-1}]	3.06E-05			
11		亜鉛イオン濃度 [mg L^{-1}]	2.00087071			
12						

図 7–2　問題 7.1 の解答

7.4　凝集処理

凝集処理は，懸濁物質として分離しにくいコロイド状物質の粗大化や，溶解性物質の析出（不溶化）などに用いられる。後続の処理（沈降分離，浮上分離，ろ過など）で固液分離を容易にするために，排水処理プロセスの最初の段階で行う操作である。凝集剤は，排水中に含まれる帯電している微粒子の電荷を中和する薬品である。これにより，排水中の微粒子同士が凝集し，沈降分離しやすくなる。荷電の中和反応を効

果的に行わせるには，凝集剤を迅速に拡散させる必要がある。そのため，凝集槽には急速撹拌機が設置されている。凝集槽の構造の例を図7-3に示す。

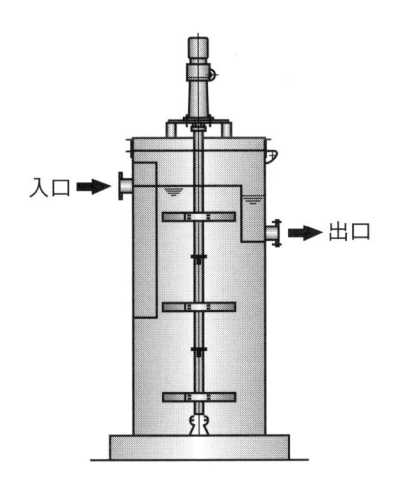

図7-3 凝集槽の構造[1]

凝集操作は以下に示す通りである。
① 凝集剤の添加：原水に凝集剤を既定量添加する。
② 水と凝集剤との混和：原水と凝集剤とが均一に混ざるように混合する。
③ 凝集剤と微粒子との接触：混合と同時に1〜5分程度の急速撹拌を実施して，凝集剤と微粒子の接触，衝突回数を多くする。
④ フロックの粗大化：フロックを粗大化するために緩速撹拌槽を設ける。撹拌翼の周速（翼直径×回転数）は0.5〜1.0 m s^{-1}程度である。凝集剤のみでフロックの粗大化が不可能な場合，後続の分離装置での分離効率を高めるために高分子の凝集助剤を使用する。

表7-1に主な凝集剤の種類と特徴を示す。凝集剤にはそれぞれ適したpHの範囲があることがわかる。適正pHは，通常不溶解性水酸化物を形成するpHと一致している。例えば，硫酸バンドやPAC（ポリ塩化アルミニウム）の場合pH＝5〜7.5に適正域がある。

凝集剤の添加後にpH調整を行い，充分に反応させた後，高分子凝集補助剤を添加するのが一般的である。

排水を処理するための凝集槽の容量は使用する薬品によって異なる。撹拌時間も同様である。通常，溶存物質の不溶化反応は，排水が所定のpH域に達した時に終了している。一般に，溶液になっている薬品の反応速度は速く，撹拌時間は5〜10分としているが，消石灰のように不溶解の薬品は反応速度が遅く，撹拌時間は20分以上を必要とする。凝集槽に使用する撹拌機は，通常プロペラ翼を使用するが，大容量の凝集槽の場合はパドル翼を採用する。

表7-1 凝集剤の種類と特徴[2]

種類	有効pH	特徴 長所	特徴 短所
硫酸バンド $Al_2(SO_4)_3$ 液体品 Al_2O_3 7〜8% 固形品 Al_2O_3 16%	使用pH域／有効pH域	安価である。除濁性が高い。腐食性,刺激性が少ない。	フロックが軽い。pH=8以上で効果が低い。
PAC ポリ塩化アルミニウム Al_2O_3 10%		凝集性がバンドより良い。中和剤（アルカリ）が少なくてよい（または不要）。	バンドより高価。ロックが軽い。pH=8以上では効果が低い。
塩化第二鉄 $FeCl_3$		フロックが重い（沈降圧密良）アルカリ性域でも有効。	中和剤（アルカリ）を多く必要とする。腐食性が高い。やや高価。
硫酸第一鉄 $FeSO_4$		安価である。フロックが重い。	有効pHがアルカリ域で幅が狭い。除濁性がやや劣る。

7.5 G値

排水に凝集剤を添加すると，フロックと呼ばれる微粒子が生成し，適度な撹拌により微粒子同士を衝突させると粒子が成長して粗粒子となる。フロックの成長を促進するために必要なエネルギーを与えるために撹拌翼を設置する。フロックは互いに衝突しながら粗大化していく。この衝突過程についての基礎的な式として次式がある。

$$G = \sqrt{\frac{\rho C_D A u^3}{2\mu V}} \tag{7.13}$$

ここで，

$$u = \frac{2}{3} u_0 \tag{7.14}$$

G は平均速度勾配値 $[s^{-1}]$，C_D は撹拌翼の形状抵抗係数 $[-]$，A は撹拌翼の総撹拌面積 $[m^2]$，u は撹拌翼の平均速度 $[m\ s^{-1}]$，u_0 は撹拌翼の周速 $[m\ s^{-1}]$，μ は水の粘度 $[Pa\ s]$，ρ は水の密度 $[kg\ m^{-3}]$，V は凝集槽内の水の容積 $[m^3]$ である。

G 値に，フロック形成に必要な滞留時間 T [s] を乗じた GT 値も，凝集槽の設計計算に使用される。**表 7–2** に G 値および GT 値の参考値を示す。所定の凝集操作が行える適当な G 値あるいは GT 値になるように凝集槽は設計される。

表 7–2　G 値と GT 値の範囲（経験値）[2]

凝集対象水	G 値	GT 値	滞留時間 [min]
富栄養化工業用水の加圧浮上処理用	50～80	60,000 以上	10 以上
重金属排水の処理で反応槽によって水酸化物生成後の凝集	70～100	10,000～15,000	3 以上
排水処理で反応槽によって不溶性 Ca 塩等を生成させた後の凝集	50～80	20,,000 以上	5 以上
活性汚泥処理水に凝集剤を添加した後の凝集	50～80	20,000 以上	5 以上

・G 値は水道施設基準では 10～75 の範囲が良いとされているが，排水の場合一般的に 80 程度が多く採用されている。

Camp[3] らが 1943 年に提唱した G 値は，その簡便性からよく用いられている。しかし，G 値には次のような問題点が挙げられる[4]。

① 翼のサイズの影響を考慮できない。
② 翼の形状の影響を考慮できない。
③ G 値を用いてのスケールアップは危険である。

これらのことから，G 値だけを用いる場合には重大なトラブルを起こす危険性がある。撹拌特性を決めるには，G 値だけでなく物理的な値（代表速度や混合時間）を考慮に入れることが必要である[5]。

問題 7.2　凝集槽の設計[2]

工場からの排水中の懸濁物質を除去するために，凝集剤を注入して排水中の微細な懸濁物質を凝集させ，分離可能なフロックにするための凝集槽を設計する。凝集槽の設計には G 値と GT 値を基準に行う。本問題では，G 値と GT 値をそれぞれ 80 と 40,000 として設定する。排水の流量は 206 m^3 h^{-1} である。次の問いに答えなさい。

1) 必要な凝集槽の容量 V を求めなさい。
2) 水槽の高さを 3 m，水深 H を 2.6 m としたときの凝集槽の槽径 D を求めなさい。
3) 凝集条件での翼の周速 u_0 は一般に，0.6～1.0 m s^{-1} が最適である。u_0 = 0.8

m s^{-1} を採用し，撹拌翼の枚数を 4 枚，翼段数を 2 段にしたときの凝集槽の撹拌翼 1 枚当たりの撹拌面積 A'（撹拌翼の表側の面積）を求めなさい。翼の抵抗係数 C_D を 1.5 とする。

4) 翼外径 d を槽径 D の半分とした場合の翼外径 d と翼高さ h を求めなさい。

5) 撹拌機の回転数 n を求めなさい。

解説

GT 値は G 値に撹拌継続時間を掛けた値である。撹拌は排水が凝集槽内に滞留する間に行われるので，撹拌継続時間とは排水の滞留時間 T となる。

G 値と GT 値がそれぞれ 80 と 40,000 と決まっているので，滞留時間 T は次のように計算することができる。

$$GT = 40,000 \tag{7.15}$$

$$T = \frac{40,000}{80} = 500 \text{ s} \tag{7.16}$$

排水は 206 m^3 h^{-1} の流量 Q で凝集槽に流入する。排水の凝集槽内滞留時間（$T = V/Q$）は 500 秒なので，この時間排水を凝集槽に滞留させるために必要な凝集槽の体積 V は次式で計算することができる。

$$V = Q \cdot T = 206 \, \frac{\text{m}^3}{\text{h}} \cdot \frac{1 \text{ h}}{3,600 \text{ s}} \cdot 500 \text{ s} = 28.6 \text{ m}^3 \tag{7.17}$$

水深 H が与えられていて，凝集槽の体積が決まったので，これらから凝集槽の直径 D を計算することができる。凝集槽の体積は次式で与えられる。

$$V = \frac{D^2 \pi H}{4} \tag{7.18}$$

式(7.18)を D について解くと，

$$D = \sqrt{\frac{4V}{\pi H}} = \sqrt{\frac{4 \times 28.6}{3.14 \times 2.6}} = 3.74 \text{ m} \tag{7.19}$$

Excel では「ゴールシーク」の練習問題として解く。式(7.18)を用いて残余関数を作ると次式を得る。

$$0 = \frac{D^2 \pi H}{4} - V \tag{7.20}$$

式(7.20)の槽径 D に初期値を与え，「ゴールシーク」による計算で槽径を求める。

式(7.14)より撹拌翼の平均速度 u を求める。

$$u = \frac{2 u_0}{3} = 2 \times \frac{0.8}{3} = 0.53 \text{ m s}^{-1} \tag{7.21}$$

式(7.13)を A について解くと次のように計算できる。

$$A = \frac{2\mu VG^2}{\rho C_D u^3} = \frac{2 \times 0.001 \times 28.6 \times 80^2}{1,000 \times 1.5 \times 0.533} = 1.61 \text{ m}^2 \tag{7.22}$$

この問題も，「ゴールシーク」の練習問題として解く．式(7.13)を変形し，残余関数を作ると次のようになる．

$$0 = \sqrt{\frac{\rho C_D A u^3}{2\mu V}} - G \tag{7.23}$$

式(7.23)の撹拌翼の総撹拌面積 A に適当な初期値を与え収束計算する．

撹拌翼の枚数が4枚，翼段数が2段であることから，撹拌翼の総枚数 N は8枚となり，撹拌翼1枚当たりの撹拌面積 A' は，

$$A' = \frac{A}{N} = \frac{1.61}{8} = 0.201 \text{ m}^2 \tag{7.24}$$

撹拌翼外径 d は経験則から槽径 D の半分程度が良いとされているので，撹拌翼外径 d は，

$$d = \frac{D}{2} = \frac{3.74}{2} = 1.87 \text{ m} \tag{7.25}$$

と計算できる．翼の面積 A' と外径 d から翼の高さ h を求める．

$$h = \frac{A'}{d/2} = \frac{0.201}{1.87/2} = 0.215 \text{ m} \tag{7.26}$$

撹拌機の回転数 n は，撹拌翼の周速 u_0 と外径 d より次のように求める．

$$n = \frac{u_0}{d\pi} \times 60 = \frac{0.8 \times 60}{1.87 \times 3.14} = 8.16 \text{ rpm} \tag{7.27}$$

Excelによる計算

① セル[C5]に滞留時間を求めるための式(7.16)「＝C4/C3」を入力する．
② セル[C6]に凝集槽の容量を求めるための式(7.17)「＝C2*C5/3600」を入力する．
③ セル[C9]に槽の直径の初期値「1」を入力する．
④ セル[E9]に残余関数である式(7.20)「＝C9^2/4*PI()*C8−C6」を入力する．円周率 π の値には「Excel関数」である「PI()」を用いた．
⑤ 「ゴールシーク」を起動し，槽の直径 D を求めるため図7-4のように設定し，「OK」を押す．

7 沈澱・凝集

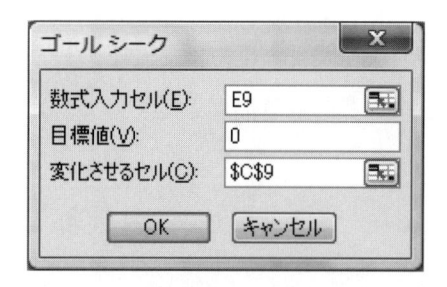

図7-4 ゴールシークの設定1

⑥ セル[C 12]に撹拌翼の平均速度を求めるための式(7.21)「=2/3*C 11」を入力する。

⑦ セル[C 16]に撹拌翼の総撹拌面積の初期値「1」を入力する。

⑧ セル[E 16]に残余関数である式(7.23)「=SQRT(C 10*C 14*C 16*C 12^3/2/C 13/C 6)−C 3」を入力する。平方根の計算には,「Excel関数」である「SQRT()」を用いた。

⑨ 撹拌翼の総撹拌面積 A を求めるため,「ゴールシーク」を図7-5のように設定し,「OK」を押す。

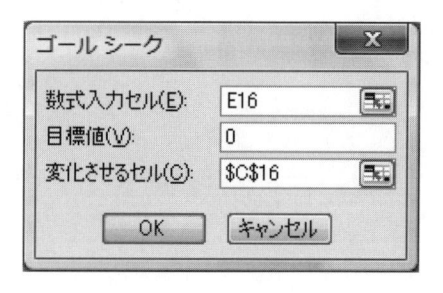

図7-5 ゴールシークの設定2

⑩ セル[C 17]に撹拌翼1枚当たりの撹拌面積を求めるための式(7.24)「=C 16/C 15」を入力する。

⑪ セル[C 18]に撹拌翼の外径を求めるための式(7.25)「=C 9/2」を入力する。

⑫ セル[C 19]に撹拌翼の高さを求めるための式(7.26)「=C 17/(C 18/2)」を入力する。

⑬ セル[C 20]に撹拌機の回転数を求めるための式(7.27)「=C 11/(C 18*PI())*60」を入力する。

⑭ 問題の解答を図7-6に示す。

	A	B	C	D	E
1					
2		排水流量 Q [m³h⁻¹]	206		
3		G値 G [s⁻¹]	80		
4		GT値 GT [-]	40000		
5		滞留時間 T [s]	500		
6		凝集槽の容量 V [m³]	28.61111111		
7		槽の高さ [m]	3		
8		水深 H [m]	2.6		残余関数
9		槽の直径 D [m]	3.743137212		0
10		水の密度 ρ [kg m⁻³]	1000		
11		翼の周速 u_0 [m s⁻¹]	0.8		
12		撹拌翼の平均速度 u [m s⁻¹]	0.533333333		
13		水の粘度 μ [Pa s]	0.001		
14		撹拌翼の抵抗係数 C_D [-]	1.5		
15		撹拌翼の枚数 N [-]	8		残余関数
16		撹拌翼の総撹拌面積 A [m²]	1.609375		-8.42178E-10
17		撹拌翼1枚の撹拌面積 A' [m²]	0.201171875		
18		翼の外径 d [m]	1.871568606		
19		翼の高さ h [m]	0.214976757		
20		撹拌機の回転数 n [rpm]	8.163673236		
21					

図 7-6　問題 7.2 の解答

＜参考文献＞

1) 吉村二三隆，北川幹夫，『わかりやすい水処理設計』，工業調査会（2003）
2) 吉村二三隆，『これでわかる水処理技術』，工業調査会（2002）
3) R. T. Camp and P. C. Stein, *J. Boston Soc. Civ. Eng.*, 30, 219–237 (1943)
4) T. Gregory and E. P. Benz, *CEP*, 43–47 (2007)
5) P. Ditl and F. Rieger, *CEP*, 22–30 (2006)

資料・解説

■粒径と処理プロセス

排水中の懸濁物質の粒子径と適用される排水処理法の関係は下図のようになる。

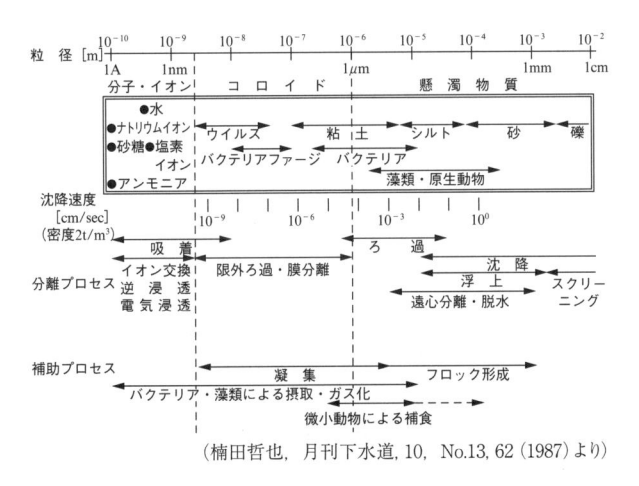

（楠田哲也，月刊下水道, 10, No.13, 62 (1987) より）

■凝集処理

凝集したフロックの粒子径，粒子密度などは正確に測定できないため，フロックの沈降速度を計算することが難しい。その場合，経験値にもとづく水面積負荷（＝（流入水量 $m^3\ h^{-1}$）/（沈澱槽面積 m^2）。沈澱槽の上澄水として処理される上向きの排水の流速であり，フロックの沈降のしやすさに関係する）の数値を使って沈澱装置を設計しなければならない。

種　別	水面積負荷 [$m\ h^{-1}$] U値	沈澱槽流入原水SS [$mg\ L^{-1}$]	処理水SS [$mg\ L^{-1}$]	排泥濃度 [％]
河川水・湖水（用水）	1.0～2.0	30～500	10以下	1～2
重　金　属　排　水	0.7～0.8	100～1,000	20以下	1～2
半　導　体　排　水	0.6～0.8	300～1,000	10～20	1～2
電　力　総　合　排　水	0.8～1.0	100～10,000	10～20	1～3
電　力　排　脱　排　水	0.8～1.0	1,000～10,000	10～20	2～4
活　性　汚　泥　排　水	0.4～0.7	2,000～5,000	10～50	0.8～1.2
石　灰　反　応　系　排　水	1.0	500～2,000	20以下	2～4
含　油　排　水	0.7	50～100	20以下	1～2
コ ミ 洗 煙 排 水	0.6	200～500	30以下	1

・処理水のSSは，最適な薬品注入で凝集沈澱が起こった場合の値である。

（吉村二三隆，『これでわかる水処理技術』，工業調査会（2002））

■凝集沈澱槽

凝集剤を用いて懸濁固形物をフロック状にして，固－液分離を補助する。一般的な無機凝集剤は，硫酸バンド，PAC，塩化第二鉄，硫酸第一鉄などである。形成されたフロックの強度は弱いので，補助的に高分子凝集剤を用いることもある。ポリアクリルアミドなどの高分子凝集剤は，浮遊物を高分子に絡めて凝集させる。

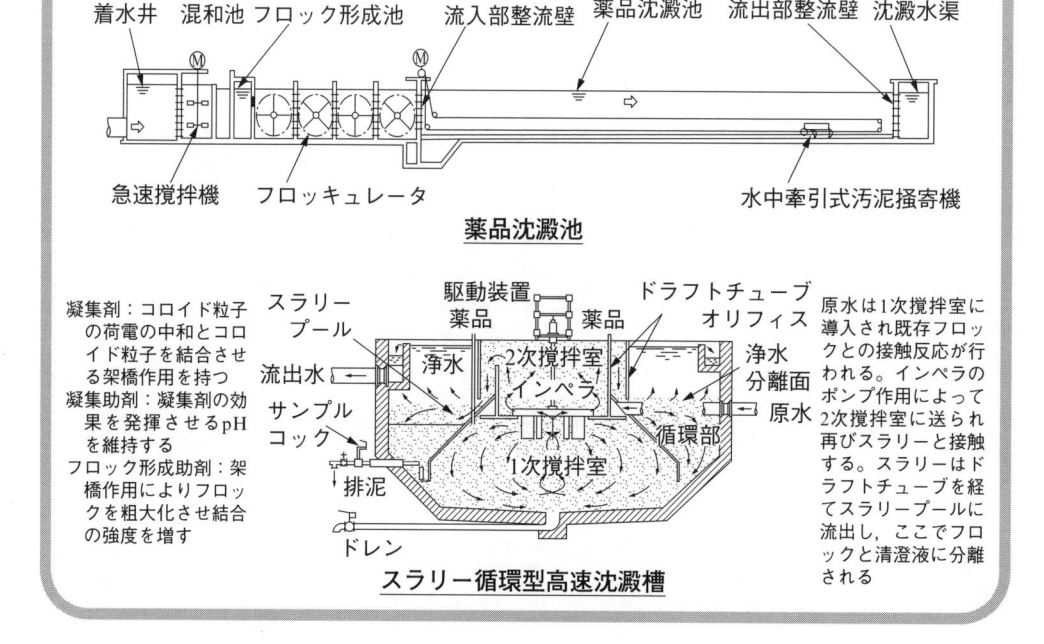

薬品沈澱池

着水井　混和池　フロック形成池　流入部整流壁　薬品沈澱池　流出部整流壁　沈澱水渠
急速攪拌機　フロッキュレータ　　　　　　　　　　　　　水中牽引式汚泥掻寄機

スラリー循環型高速沈澱槽

凝集剤：コロイド粒子の荷電の中和とコロイド粒子を結合させる架橋作用を持つ
凝集助剤：凝集剤の効果を発揮させるpHを維持する
フロック形成助剤：架橋作用によりフロックを粗大化させ結合の強度を増す

スラリープール　駆動装置　ドラフトチューブオリフィス
流出水　薬品　浄水　2次攪拌室　薬品　浄水分離面
サンプルコック　インペラ　循環部　原水
排泥　1次攪拌室
ドレン

原水は1次攪拌室に導入され既存フロックとの接触反応が行われる。インペラのポンプ作用によって2次攪拌室に送られ再びスラリーと接触する。スラリーはドラフトチューブを経てスラリープールに流出し，ここでフロックと清澄液に分離される

第8章

沈降分離

8.1 沈降分離

　沈降分離は，懸濁溶液（スラリー）から固体物質を分離する方法の1つである。排水中には大きな粒子から小さな粒子まで様々な大きさの不溶解性物質が混在している。水中の懸濁物質を重力差で分ける沈降分離は，単純で経済的な方法であり，排水中に含まれる汚濁物質の除去に広く用いられている。

　固体粒子の沈降速度は，懸濁液の粒子濃度が希薄であれば，粒子の自由落下終末速度（単一粒子としての落下速度）に等しいと考えられる。粒子がある流体中で落下するとき，粒子には重力と流体から受ける抵抗力が働き，それらが釣り合い，一定の速度で落下するようになる。この速度を自由落下終末速度という。

　粘度 μ_f，密度 ρ_f の流体中で自由落下（沈降）する，直径 d_p，密度 ρ_s の単一粒子の終末速度 u_t については，**図**8-1 に示す関係がある。レイノルズ数（$Re=d_p u_t \rho_f / \mu_f$）が小さい領域（$Re \leq 2$）については，運動方程式の解析解として得られる Stokes（ストークス）の法則が成り立つ。この領域における，粒子の沈降速度は次式で計算できる。

$$u_t = \frac{g(\rho_s - \rho_f)d_p^2}{18\mu_f} \tag{8.1}$$

図8-1 のアレン領域（$2 < Re \leq 500$）では次の式が成り立つ。

$$u_t = \left\{ \frac{4}{255} \frac{g^2(\rho_s - \rho_f)^2}{\mu_f \rho_f} \right\}^{1/3} d_p \tag{8.2}$$

ニュートン領域（$500 < Re \leq 10^5$）では次の式が成り立つ。

8 沈降分離

$$u_t = \sqrt{3g(\rho_s - \rho_f)\frac{d_p}{\rho_f}} \tag{8.3}$$

式(8.1)～式(8.3)から次のことがわかる。

① $\rho_s > \rho_f$ のとき $u_t > 0$ となるため，粒子は沈降する（沈降分離により分離できる）。
② $\rho_s = \rho_f$ のとき $u_t = 0$ となるため，粒子は静止する（分離できない）。
③ $\rho_s < \rho_f$ のとき $u_t < 0$ となるため，粒子は浮上する（浮上分離により分離できる）。
④ 粒子と流体の密度差が大きいほど，沈降速度と浮上速度は速くなる。
⑤ 粒子径が大きいほど，沈降速度と浮上速度は速くなる。

一般に，排水処理で行う沈降分離はレイノルズ数が2以下であるため，式(8.1)のストークスの式が用いられる。

懸濁粒子が高濃度である流体中の粒子の沈降は，粒子間に流体力学的相互作用が生じ，沈降速度は自由落下終末速度に比べ低下する。これを干渉沈降という。

式(8.1)からわかるように，沈降速度は粒子径の2乗に比例して速くなっていく。沈降速度を速めることにより，沈降分離装置（沈澱槽）での排水の滞留時間を短く設定でき，沈澱槽を小さくできる。そのため，第7章沈澱・凝集で説明したように，凝集剤などの薬品を懸濁溶液に投入し，粒子同士を凝集させ，粒子径を大きくする凝集沈澱操作もよく使われている。

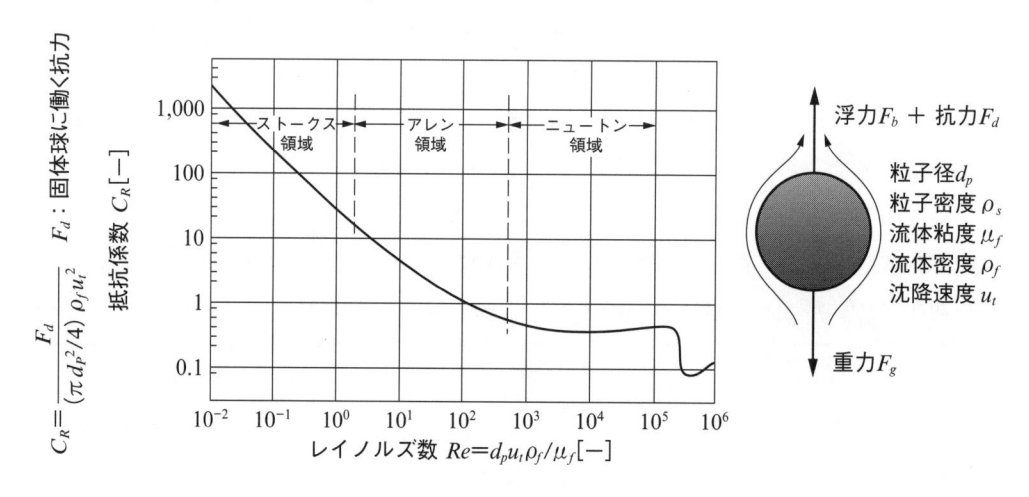

図 8-1　固体球の自由落下[1]

問題 8.1　粒子沈降速度

粒径 100 μm，粒子密度 1,100 kg m^{-3} の沈降速度[m s^{-1}]を求めよ。ただし，水の粘度は 8.9×10^{-4} Pa s，水の密度は 1,000 kg m^{-3}，重力加速度 9.8 m s^{-2} とする。また，

ストークス領域における最大の粒径[μm]とその沈降速度[m s⁻¹]を求めなさい。

解説

粒子の沈降速度は，レイノルズ数によって求めるための式が異なる。一般に，排水処理で行う沈降分離はレイノルズ数が2以下であるため，本問題もまずストークス領域だと仮定して式(8.1)を用いて沈降速度を求める。

$$u_t = \frac{g(\rho_s - \rho_f)d_p^2}{18\mu_f} = \frac{9.8 \times (1{,}100 - 1{,}000)(100 \times 10^{-6})^2}{18 \times (8.9 \times 10^{-4})}$$
$$= 6.12 \times 10^{-4} \text{ m s}^{-1} \tag{8.4}$$

求められた沈降速度を用いてレイノルズ数を計算し，ストークス領域であることを確認する。

$$Re = \frac{\rho_f d_p u_t}{\mu_f} = \frac{1{,}000 \times (100 \times 10^{-6}) \times (6.12 \times 10^{-4})}{(8.9 \times 10^{-4})} = 0.069 \tag{8.5}$$

$Re = 0.069 < 2$ であり，本問題の粒子の沈降はストークス領域である。そのため，式(8.1)を用いた式(8.4)の計算は正しかったと言える。

ストークス領域での最大粒径を求めるためには，「ゴールシーク」を用いて計算を行う。まず，最大粒径の初期値を与え，その粒径に対して先ほどと同様に，式(8.4)，(8.5)を用いて沈降速度とレイノルズ数を計算する。その後，「ゴールシーク」を用いて，レイノルズ数が「2」の数値となるような最大粒径の値を求めると，ストークス領域での最大粒径が求められる。

Excelによる計算

① セル[C 12]に沈降速度を求めるための式(8.4)「=C 10*(C 4−C 8)*(C 3*10^−6)^2/(18*C 7)」を入力する。

② セル[C 13]にレイノルズ数を求めるための式(8.5)「=C 8*C 3*10^−6*C 12/C 7」を入力する。

③ セル[C 15]にストークス領域での最大粒径の初期値「100」を与える。ここでは，初期値として問題で与えられた粒径と同じ値である「100」を用いる。

④ セル[C 16]に最大粒径の沈降速度を求めるための式(8.4)「=C 10*(C 4−C 8)*(C 15*10^−6)^2/(18*C 7)」を入力する。

⑤ セル[C 17]に最大粒径のレイノルズ数を求めるための式(8.5)「=C 8*C 15*10^−6*C 16/C 7」の数式を入力する。

⑥ 「ゴールシーク」を用いて，レイノルズ数（数式入力セル）が「2」の数値（目標値）となるように，最大粒径の値（変化させるセル）を変化させ，ストークス領域での最大粒径を求める。「ゴールシーク」の設定例を図8-2に示す。

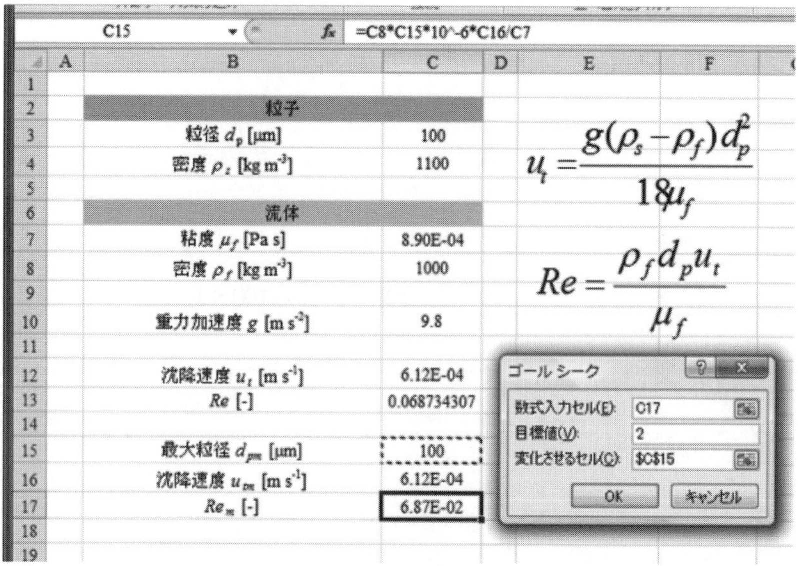

8 沈降分離

図 8-2 ゴールシークの設定例

⑦ 図 8-3 に示すように解答 $d_{pm}=308\,\mu m$ が得られる。

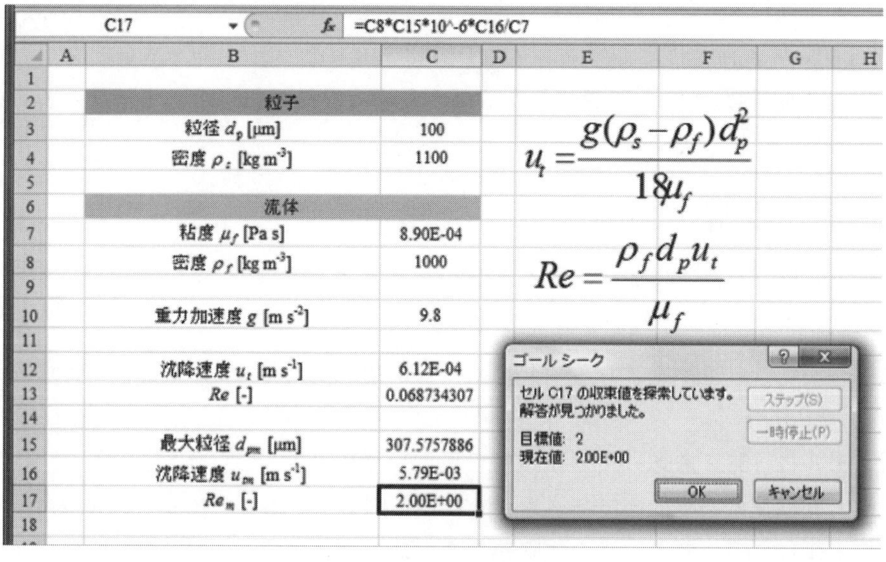

図 8-3 問題 8.1 の解答

8.2 理想的水平流型重力沈降装置

理想的水平流型重力沈降装置（図 8-4）は，懸濁排水が沈降分離装置の断面内一様に速度 v で流入し（粒子濃度も一様），流れに乱れがない（液体の水平方向の流速 v

8.2 理想的水平流型重力沈降装置—問題 8.2 沈降分離装置の設計

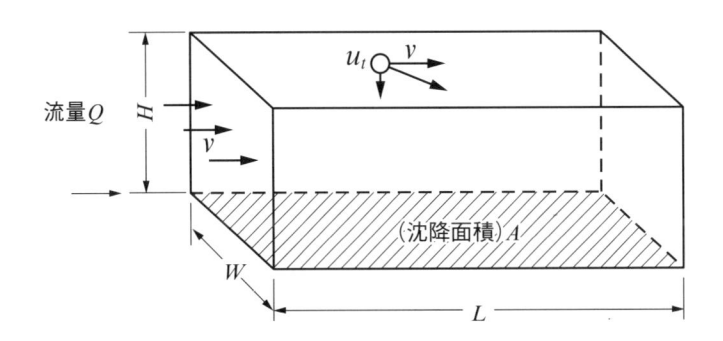

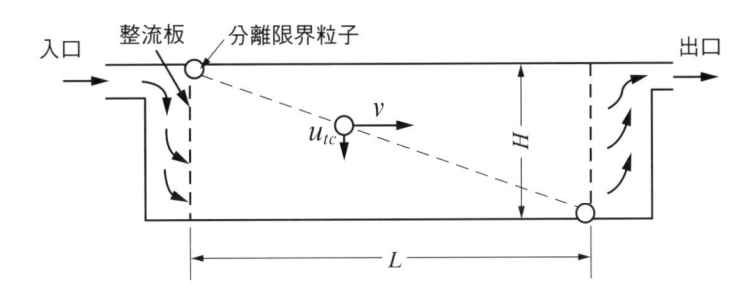

図 8-4 理想的水平流型重力沈降装置[2]

および粒子の沈降速度 u_t が，装置内で一定と考えられる）理想的な沈降分離装置である。この装置内では，粒子は流体の流れに乗って水平方向に速度 v で移動しながら，粒子固有の沈降速度 u_t で沈降する。底面に沈降した粒子の再浮遊はないとする。

粒子は沈降分離装置に入った後，液の水平流に乗って入口から出口へ移動しながら重力によって沈降していくが，分離限界粒子（粒径 d_{pc}，沈降速度 u_{tc}）は出口まで移動したときにちょうど沈降装置の底に沈降すると考えると（分離限界粒子より大きな粒径の粒子は出口に到着する前に沈降装置の底部に沈降し，分離限界粒子より小さな粒径の粒子は，装置の底部に沈降する前に出口に到着するため，溢流に乗って装置外に出る），

$$\frac{L}{v} = \frac{H}{u_{tc}} \tag{8.6}$$

の関係が得られる。これは，［入口にあった粒子が，出口まで水平方向の液流に乗って出口に到着するのにかかる時間］＝［その粒子が液面から底部まで沈降するのにかかる時間］の関係から得られる式である。

問題 8.2　沈降分離装置の設計

理想的水平流型重力沈降装置（$H = 1.5\,\text{m}$，$L = 5\,\text{m}$，$W = 3\,\text{m}$）に，体積流量 $Q = 0.002\,\text{m}^3\,\text{s}^{-1}$ で排水を流し粒子を分離する。粒子密度 $\rho_s = 1{,}450\,\text{kg}\,\text{m}^{-3}$ で一様な濃

8 沈降分離

度で装置に流入する。排水の密度は $\rho_f = 1,000 \text{ kg m}^{-3}$，粘度は $\mu_f = 0.001 \text{ Pa s}$ である。次の問いに答えなさい。

1) 水平方向の液流速 v [m s^{-1}] を求めなさい。
2) 分離限界粒子の落下速度 u_{tc} [m s^{-1}] を求めなさい。
3) ストークスの式が使えるとして，完全に捕集できる最小の粒子径（分離限界粒子径）d_{pc} を求めなさい。
4) 粒子径 d_{pc} の粒子落下速度のレイノルズ数 Re を求め，前問でストークスの式が使えるとした仮定が正しかったかを確かめなさい。

解説

水平方向の液流速 v は次式で計算される。

$$v = Q/(H \cdot W) = 0.002/(1.5 \times 3) = 4.44 \times 10^{-4} \text{ m s}^{-1} \tag{8.7}$$

式(8.6)より u_{tc} を求めると，

$$u_{tc} = Hv/L = 1.5 \times 4.44 \times 10^{-4}/5 = 1.3 \times 10^{-4} \text{ m s}^{-1} \tag{8.8}$$

式(8.1)を粒子径 d_p について解くことにより分離限界粒子径 d_{pc} を求めることができる。

$$d_{pc} = \sqrt{\frac{18 \mu_f u_{tc}}{g(\rho_s - \rho_f)}} = \sqrt{\frac{18 \times 0.001 \times (1.3 \times 10^{-4})}{9.8 \times (1,450 - 1,000)}}$$
$$= 2.33 \times 10^{-5} \text{ m s}^{-1} \tag{8.9}$$

式(8.5)と同様に Re を求めると次のようになる。

$$Re = \frac{\rho_f d_{pc} u_{tc}}{\mu_f} = \frac{1,000 \times (2.33 \times 10^{-5}) \times (1.33 \times 10^{-4})}{0.001}$$
$$= 3.11 \times 10^{-3} \tag{8.10}$$

式(8.10)より，$Re < 2$ であることから本問題の状態はストークス領域であったため，式(8.9)のストークスの式を用いたのは正しかったことがわかる。

Excelによる計算

① セル[C10]に水平方向の液流速を求めるための式(8.7)「=C5/(C2*C4)」を入力する。
② セル[C11]に粒子落下速度を求めるための式(8.8)「=C2*C10/C3」を入力する。
③ セル[C12]に分離限界粒子径を求めるための式(8.9)「=SQRT(18*C8*C11/C9/(C6−C7))」を入力する。
④ セル[C13]にレイノルズ数を求めるための式(8.10)「=C12*C7*C11/C8」を入力する。

⑤ 図 8-5 に問題の解答を示す。

	A	B	C
1			
2		装置高さ H [m]	1.5
3		装置長さ L [m]	5
4		装置幅 W [m]	3
5		体積流量 Q [m^3 s^{-1}]	0.002
6		粒子密度 ρ_s [kg m^{-3}]	1450
7		排水密度 ρ_f [kg m^{-3}]	1000
8		排水粘度 μ_f [Pa s]	0.001
9		重力加速度 g [m s^{-2}]	9.8
10		水平方向の液流速 v [m s^{-1}]	0.000444444
11		粒子落下速度 u_{tr} [m s^{-1}]	0.000133333
12		分離限界粒子径 d_{pc} [m]	2.33285E-05
13		Re [-]	0.003110463

図 8-5 問題 8.2 の解答

<参考文献>

1) 川瀬義矩,『環境問題を解く化学工学』, 化学工業社 (2001)
2) 吉川英見, 川瀬義矩,『Excel で学ぶ化学工学』, 化学工業社 (2005)

資料・解説

■沈降現象のタイプ

粒子濃度と沈降現象の関係は下の表のように分類される。

沈降現象のタイプ	説明	適用例
単粒子自由沈降	低濃度の懸濁系における粒子の沈降。粒子は個々に独立して沈降し，隣接するほかの粒子との相互干渉はまったく起こらない	下水中の土砂の除去，工場排水の清澄
凝集性沈降	比較的低い濃度の懸濁系で沈降操作中に粒子同士が合体してフロックを形成する場合。合体によりフロックの質量が増加して沈降速度が大きくなる。清澄界面はあまりはっきりしない	1次沈澱池における下水中の一部の懸濁固形物の除去，2次処理沈澱池の上層部での沈降，化学凝集フロックの除去
干渉沈降あるいは集団沈降	中くらいの濃度の懸濁系で粒子間の相互作用により隣接する粒子の沈降を阻害する場合。粒子は相互に相対的位置を変えずに，一団となって沈降する。はっきりとした清澄界面が現れる	生物処理施設における2次沈澱池
圧密沈降	粒子またはフロックは密に接触し，上方に堆積した粒子群の荷重により下方のスラッジが圧密になる	厚い汚泥層の下層部，2次沈澱池の底部や汚泥濃縮槽等

（川瀬義矩，『環境問題を解く化学工学』，化学工業社（2001）より）

■排水処理における粒子の密度と濃度

粒子の状態	密度 [$kg\,m^{-3}$]	濃度範囲（典型的な値）[%]
1次処理：中程度負荷の排水	1,030	4〜12（6）
1次処理：下水システムからの排水	1,050	4〜12（6.5）
1次処理と廃棄活性汚泥	1,030	2〜6（3）
1次処理と散水ろ床腐植土	1,030	4〜10（5）
スカム（水面に浮いている汚泥）	950	範囲が広い（—）

（Metcalf & Eddy, Inc., "Wastewater Engineering" 4 th Ed., McGraw-Hill（2003）より）

■排水処理の1次，2次，3次処理

処理レベル	処理方法	おもな処理技術
1次処理	固形物を簡単な物理的操作で除去する処理	沈澱，スクリーン，凝集沈澱，浮上分離，油水分離など
2次処理	溶解している物質を除去する処理。おもに生物処理	活性汚泥法，ラグーン法，酸化池，砂ろ過，散水ろ床，嫌気消化など
3次処理（高度処理）	よりきびしい基準を満たすための物理化学的処理	凝集沈澱，砂ろ過，吸着，膜分離，促進酸化法処理など

第9章

ろ過 [グラフの作成，近似曲線の追加]

9.1 ろ過の原理

　水中に含まれる懸濁物質を，繊維や粒子などのろ材の空隙に捕捉し，分離する操作を「ろ過」といい，懸濁物質除去技術として最も多く採用されている。

　ろ過によって懸濁物質が除去された処理水をろ液と呼び，ろ材に堆積した固体粒子の層をろ過ケークという。ろ過により捕捉される粒子径は空隙径より小さい。例えば，粒径 $500\,\mu m$ の砂によるろ過では空隙径がおよそ $100\,\mu m$ となるが，$10\,\mu m$ 程度の鉄のフロックや $20\,\mu m$ の粘土粒子なども捕捉することができる。懸濁物質濃度が高い場合，形成したケーク層がろ材の役割を果たす（ケークろ過）ためである。

　懸濁物質をろ過するに伴い，ケーク層が成長し損失水頭が大きくなっていく。そのため，ある時点でケーク層を洗浄する必要がある。洗浄方法はろ過と逆方向から水を流して懸濁物質を排除する方法がよくとられる（逆洗という）。

　ろ過装置の例として，フィルタプレスろ過装置と連続真空ろ過装置の模式図を**図9-1**，**図9-2**に示す。

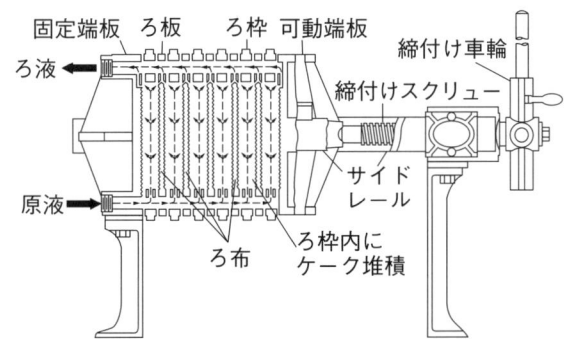

図 9-1 フィルタプレスろ過装置（板枠型加圧ろ過装置）

9 ろ過 ［グラフの作成，近似曲線の追加］

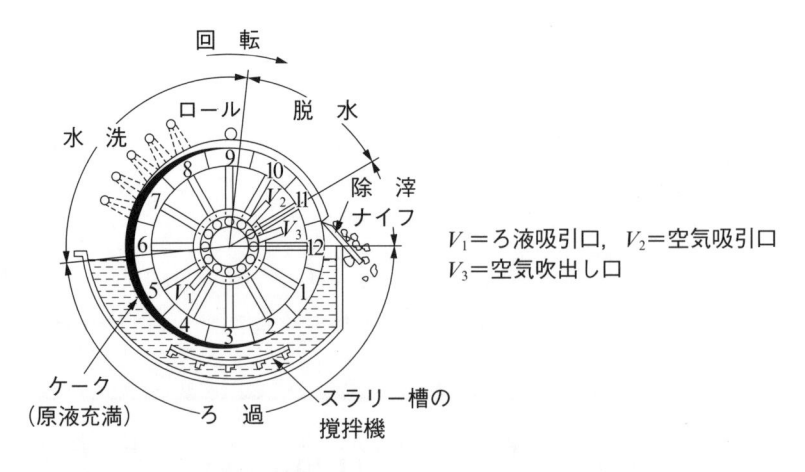

図9-2 連続真空ろ過装置（オリバー型ろ過装置，断面図）

V_1＝ろ液吸引口，V_2＝空気吸引口
V_3＝空気吹出し口

9.2 Ruthの定圧ろ過式

Ruthによると，ろ液量 V の時間変化を次式により求めることができる。

$$\frac{dV}{dt} = \frac{K}{2(V+V_m)} \tag{9.1}$$

K, V_m はRuthの定数で，次式で与えられる。

$$K = \frac{2A^2 \Delta P}{(R_c \mu f')} \tag{9.2}$$

$$V_m = \left(\frac{A}{R_c f'}\right) \cdot (R_m L_m) \tag{9.3}$$

A はろ過面積，ΔP は操作圧力である。ケーク層の流動抵抗 R_c，ろ材の抵抗 R_m，ろ材の厚み L_m およびパラメーター f' は，スラリーとろ材が同じであれば一定値である。

定圧ろ過と仮定し，$t=0$ で $V=0$ の初期条件を使って，式(9.1)を積分すると次式が得られる。

$$V^2 + 2V_m V = Kt \tag{9.4}$$

式(9.4)をRuthの定圧ろ過式と呼ぶ。

問題 9.1　フィルタプレスの設計[1]

固体粒子を 10 wt% 含むスラッジを，$\Delta P = 5$ kPa の圧力一定でフィルタプレス（厚み 0.05 m のろ枠を 15 個使用，ろ枠 1 個の有効面積は両面合わせて 1 m²）を用いてろ過する。スラリーの粒子密度は $\rho = 2{,}000$ kg m^{-3} で，乾燥ケークのかさ密度は $\rho_a = 1{,}000$ kg m^{-3} である。フィルタプレスによるろ過のRuthの定数 K と V_m を求めなさい。ろ過面積 $A = 0.050$ m²，操作圧力 $\Delta P = 3$ kPa の条件での定圧ろ過テストの結

果を表 9-1 に示す。

表 9-1　定圧ろ過テストデータ

ろ液量 V [m³]	0.0002	0.0004	0.0008	0.0012	0.0016	0.0020	0.0024	0.0028
時間 t [s]	1.1	3.4	8.6	15.4	24.0	34.2	46.1	59.8

解説

式 (9.4) を変形すると次式を得る。

$$t = \frac{1}{K}V^2 + \frac{2V_m}{K}V \tag{9.5}$$

t が V の 2 次関数であるとして，定圧ろ過テストデータから Excel の「近似曲線の追加」を用いて近似式を求めると，次式を得る。

$$t = 5.34 \times 10^6 V^2 + 6.42 \times 10^3 V \tag{9.6}$$

式 (9.5) と式 (9.6) を比べると，次の関係がわかる。

$$1/K = 5.34 \times 10^6 \text{ より，} K = 1.87 \times 10^{-7} \text{ m}^6 \text{ s}^{-1} \tag{9.7}$$

$$\frac{2V_m}{K} = 6.42 \times 10^3 \text{ より，} V_m = \frac{1.87 \times 10^{-7}}{2} \times 6.42 \times 10^3 = 6.02 \times 10^{-4} \text{ m}^3 \tag{9.8}$$

式 (9.2) を変形すると次の関係を得る。

$$K/(A^2 \Delta P) = 2/(R_c \mu f') = \text{const.} \tag{9.9}$$

ここで右辺はスラリーとろ材が同じであれば定数となるので一定値をとる。この関係を用い，定圧ろ過実験（式 (9.10) の左辺）とフィルタプレスによるろ過（式 (9.10) の右辺）について，

$$\frac{1.87 \times 10^{-7}}{0.05^2 \times 3} = \frac{K}{(1 \times 15)^2 \times 5} \tag{9.10}$$

の関係が求められる。これにより，フィルタプレスによるろ過における Ruth 定数 K は次式のように求められる。

$$K = \frac{(1 \times 15)^2 \times 5 \times (1.87 \times 10^{-7})}{0.05^2 \times 3} = 0.0281 \text{ m}^6 \text{ s}^{-1} \tag{9.11}$$

式 (9.3) を変形すると次式が得られる。

$$V_m/A = R_m L_m/(R_c f) = \text{const.} \tag{9.12}$$

式 (9.9) と同様に，スラリーとろ材が同じであれば右辺は一定値をとるから，定圧ろ過実験（式 (9.13) の左辺）とフィルタプレスによるろ過（式 (9.13) の右辺）について，

$$\frac{6.02 \times 10^{-4}}{0.05} = \frac{V_m}{(1 \times 15)} \tag{9.13}$$

9 ろ過 ［グラフの作成，近似曲線の追加］

が得られる。式(9.13)を V_m について解くと，

$$V_m = \frac{(1 \times 15) \times (6.02 \times 10^{-4})}{0.05} = 0.180 \text{ m}^3 \tag{9.14}$$

となる。

Excel による計算

① y 軸に時間 t，x 軸にろ液量 V をプロットしたグラフを作成するために，セル [E3−F10]を選択する（図 9-3）。

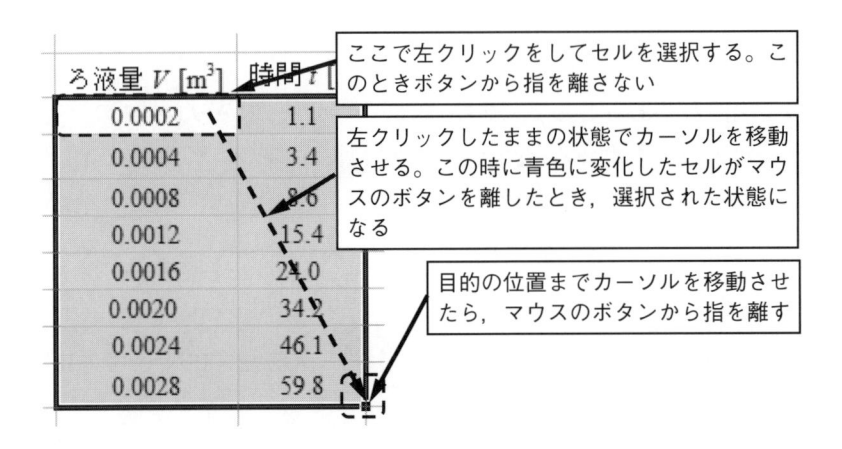

図 9-3　複数セルの選択

② Excel 画面の上部にあるメニューバーの「挿入」をクリックする（図 9-4）。

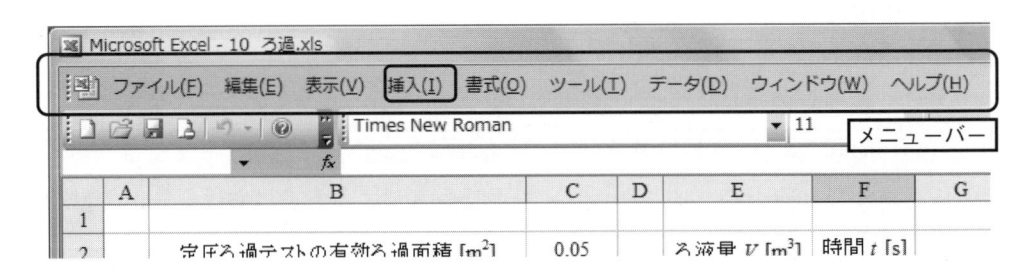

図 9-4　メニューバー

③ 「挿入」の下にメニューが表示されるので「グラフ」を選択する（図 9-5）。

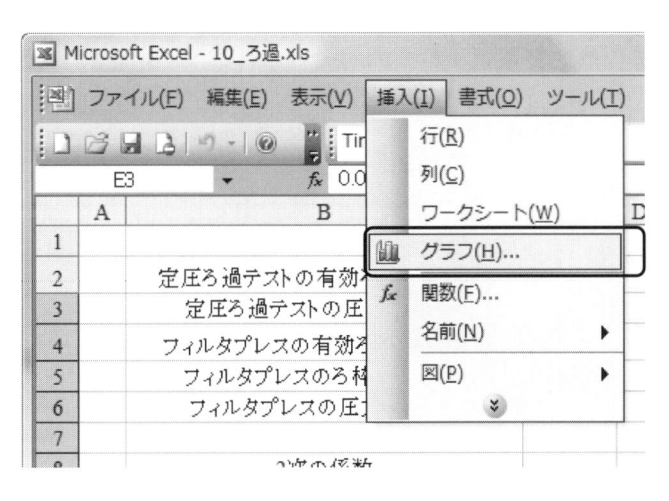

9.2 Ruthの定圧ろ過式—問題9.1 フィルタプレスの設計

図9–5 グラフの挿入

④ 「グラフウィザード」に従ってグラフを作成する。図9–6に示すようにExcelで作成できるグラフの種類の一覧が表示される（グラフウィザード–1/4–グラフの種類）。よく使うグラフの種類についての簡単な説明を次に示す。
（ⅰ）「縦棒」は項目間の比較に用いる。
（ⅱ）「横棒」は項目間の比較に用いる。
（ⅲ）「折れ線」はデータの傾向を示すのに用いる。
（ⅳ）「円」は項目の合計に対する各データの割合を示すのに用いる。
（ⅴ）「散布図」はデータの数値的な関係を示すのに用いる。

図9–6 Excelで使えるグラフの種類の一覧

9 ろ過 [グラフの作成, 近似曲線の追加]

⑤ ここでは「散布図」のグラフを作成する。「散布図」をクリックする。
⑥ 「散布図」の形式を選択する画面が表示されるので, 点同士が線で結ばれていない形式をクリックして選択し, 「次へ」をクリックする (**図9-7**)。

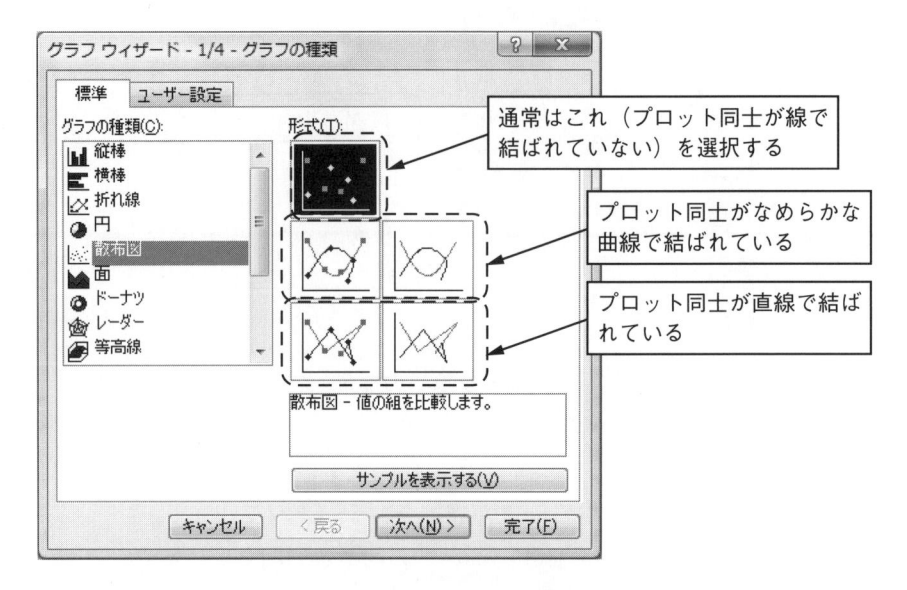

図9-7 散布図の種類

⑦ **図9-8** に示す画面 (グラフウィザード-2/4-グラフの元データ) が表示されるので, 次の項目をチェックする。
　(ⅰ) グラフが予想していたのと同じか (散布図かどうか, データの系列が複数ないかなど) 確認する。……ⓐ
　(ⅱ) データ範囲が正しいか (データ範囲が手順①で選択したセル[E3-F10]になっているか) 確認する (セル番号の間に「$」が入力されているが無視して構わない)。……ⓑ
　(ⅲ) 選択したデータがちゃんと選ばれているか (グラフのデータ範囲が点滅する破線で囲まれ, 青く色づく) 確認する。……ⓒ
　(ⅳ) 実験データの並び方が本問題では縦に並んでいるので「列」を選択してあるか確認する (実験データの並び方が横に並んでいる場合は「行」を選択する)。……ⓓ
　(ⅴ) 以上のことを確認したら, データの系列に名前をつけたり, x軸とy軸に使われているデータが逆になっていないか確認したりするために「系列」をクリックする。……ⓔ

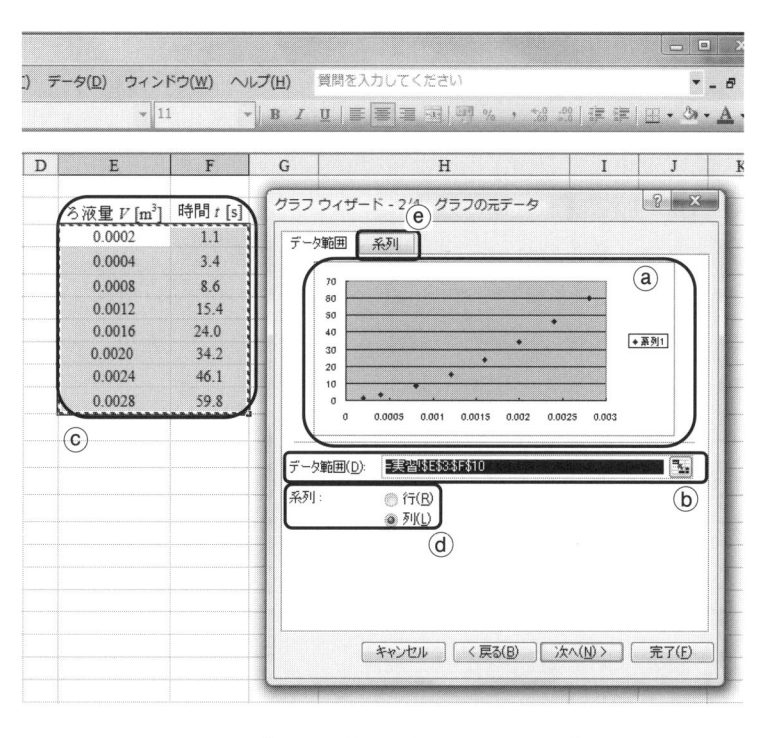

9.2 Ruthの定圧ろ過式—問題9.1 フィルタプレスの設計

図9-8 グラフに使うデータの範囲の確認

⑧ 図9-9に示す系列の設定画面では，次の設定ができる．
  （ⅰ）系列の追加……ⓐ
  （ⅱ）系列の削除……ⓑ
  （ⅲ）各系列の名前……ⓒ
  （ⅳ）各系列のx軸の値
      のデータ範囲の変更
      ……ⓓ
  （ⅴ）各系列のy軸の値
      のデータ範囲の変更
      ……ⓔ

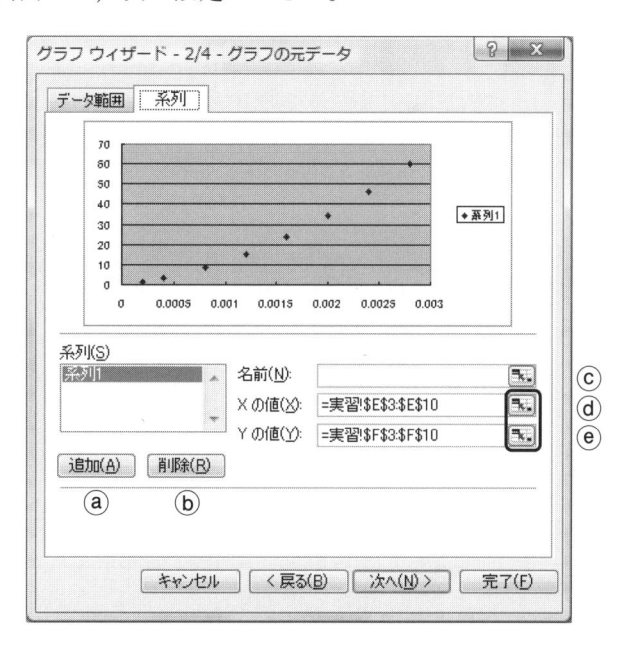

図9-9 系列の設定

⑨ 本問題では式(9.5)で表されるように，時間を y，ろ液量を x としたグラフを作成したい。そのため，時間のデータが入力されているセル[F3–F10]を y 軸に，ろ液量のデータが入力されているセル[E3–E10]を x 軸にすればよい。図の系列の設定の画面でそのようになっているかを確認する。違っていたら図9-9の右側に四角で囲ってあるマークをクリックすることによって，再選択することができる。間違いがなければ「次へ」をクリックする。

⑩ 図9-10に示す「グラフオプション」の画面（グラフウィザード-3/4-グラフオプション）が表示され，次のことが設定できる。

　（ⅰ）グラフのタイトルの入力……ⓐ
　（ⅱ）x 軸のラベル（軸の名前）の入力……ⓑ
　（ⅲ）y 軸のラベル（軸の名前）の入力……ⓒ
　（ⅳ）第2項目 x 軸のラベル（軸の名前）の入力……ⓓ
　（ⅴ）第2項目 y 軸のラベル（軸の名前）の入力……ⓔ
　（ⅵ）各軸の項目の表示と削除……ⓕ
　（ⅶ）目盛線と補助目盛線の表示と削除……ⓖ
　（ⅷ）凡例の表示と削除……ⓗ
　（ⅸ）データラベルの表示と削除……ⓘ

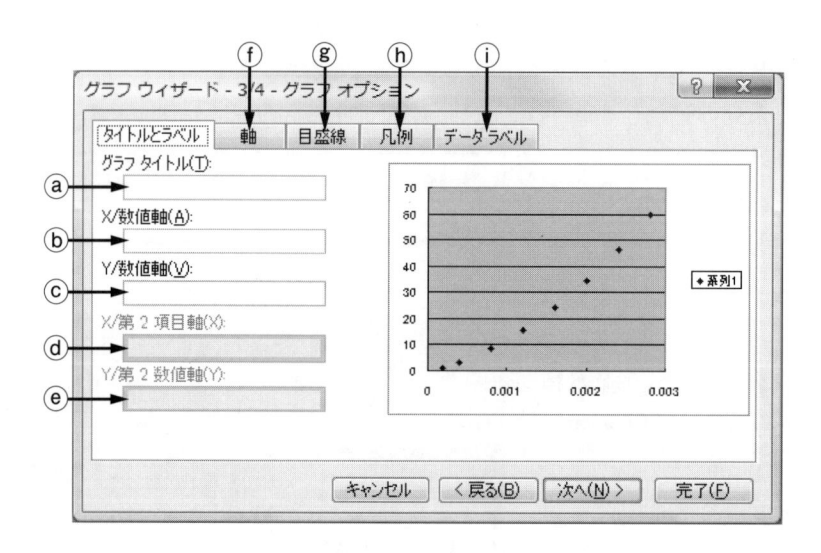

図9-10　グラフオプション

⑪ 設定が終わったら「次へ」か「完了」をクリックする。「次へ」をクリックした場合はグラフをどのシートにアウトプットするかを選択する画面（グラフウィザード-4/4-グラフの作成場所）（図9-11）が表示されるが，一般的にはデータがあるシート上にオブジェクトとしてアウトプットする場合が多い。「オブジェ

クト」にチェックが入っていることを確認し,「完了」をクリックする。ちなみに「新しいシート」を選択すると，グラフだけが表示される「新しいシート」が追加される。

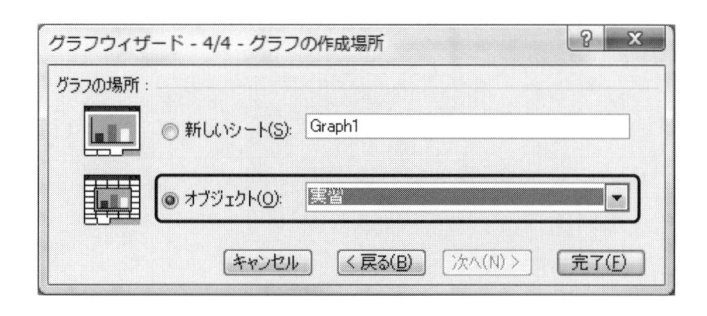

図 9-11　グラフの作成場所

⑫　デフォルトでは図 9-12 に示すグラフがアウトプットされるので，次はこのグラフを見やすいように整える。

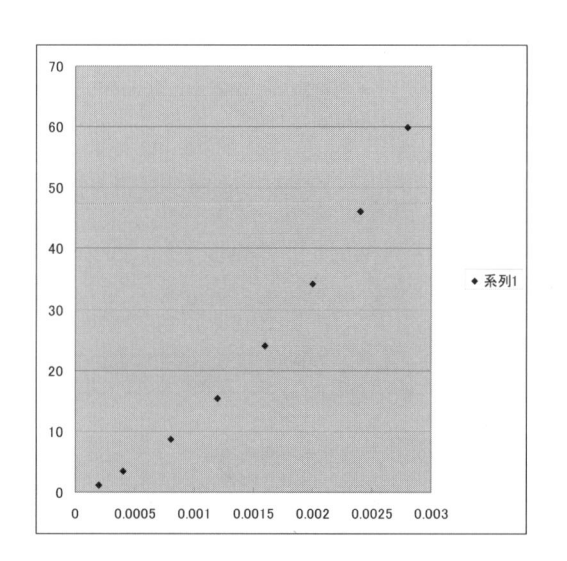

図 9-12　未加工のグラフ

⑬　図 9-13 の四角で囲われている部分で右クリックすることにより，「軸の書式設定」という表示が現れるのでクリックする。

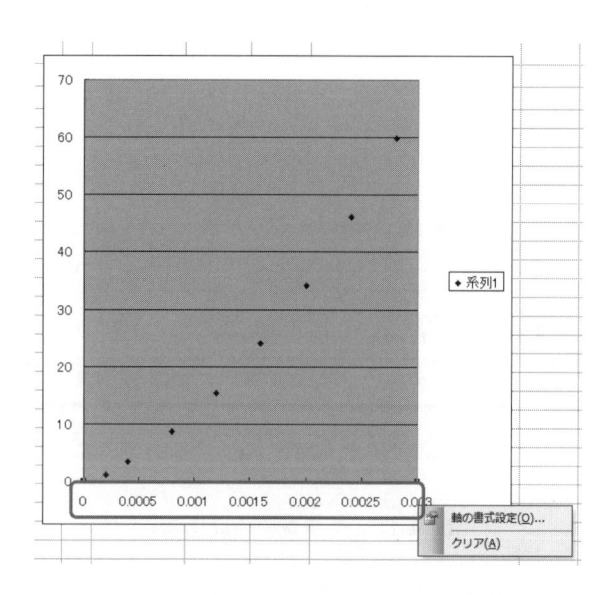

9 ろ過［グラフの作成，近似曲線の追加］

図 9–13 x 軸の書式設定の出し方

⑭ 図 9–14 に示す「軸の書式設定」の画面が表示され，「パターン」では次のことが設定できる。

（ⅰ）軸の線の色……ⓐ
（ⅱ）軸の線の太さ……ⓑ
（ⅲ）軸の線のスタイル（実線，点線，破線など）……ⓒ
（ⅳ）目盛線の有無と形状（内向き，外向きなど）……ⓓ
（ⅴ）補助目盛線の有無と形状（内向き，外向きなど）……ⓔ
（ⅵ）目盛ラベルの表示位置……ⓕ

図 9–14 軸の書式設定

⑮ 図 9–14 の「目盛」をクリックすることで**図 9–15** に示す目盛の設定の画面が表示される。次のことが設定できる。

（ⅰ）軸の最小値の値……ⓐ
（ⅱ）軸の最大値の値……ⓑ
（ⅲ）目盛の間隔……ⓒ
（ⅳ）補助目盛の間隔……ⓓ
（ⅴ）y 軸と x 軸の交点……ⓔ
（ⅵ）表示単位の表示……ⓕ
（ⅶ）対数グラフへの変更……ⓖ
（ⅷ）y 軸と x 軸の反転……ⓗ

図 9–15　軸の目盛の設定

⑯ 図 9–14 の「フォント」をクリックすることで**図 9–16** に示す目盛のフォント設定の画面が表示される。次のことが設定できる。

（ⅰ）目盛の文字のフォントの変更……ⓐ
（ⅱ）文字のスタイルの変更……ⓑ
（ⅲ）文字サイズの変更……ⓒ
（ⅳ）下線の有無と形状……ⓓ
（ⅴ）文字の色……ⓔ
（ⅵ）文字の背景色……ⓕ
（ⅶ）取り消し線の有無……ⓖ
（ⅷ）文字を上付きに変更……ⓗ
（ⅸ）文字を下付きに変更……ⓘ

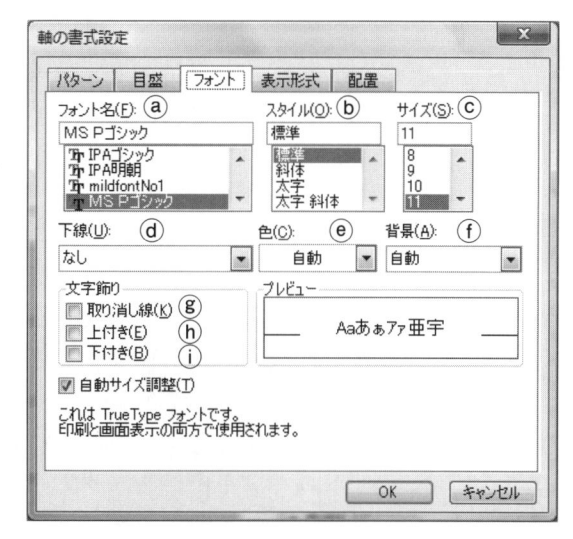

図 9–16　目盛のフォント設定

「軸の書式設定」では，目盛ラベルの表示形式および配置（縦書き，横書きなど）の設定もできる。

⑰ **図 9–17** の四角で囲われている部分で右クリックすることにより，「軸の書式設定」という表示が現れるのでクリックする。

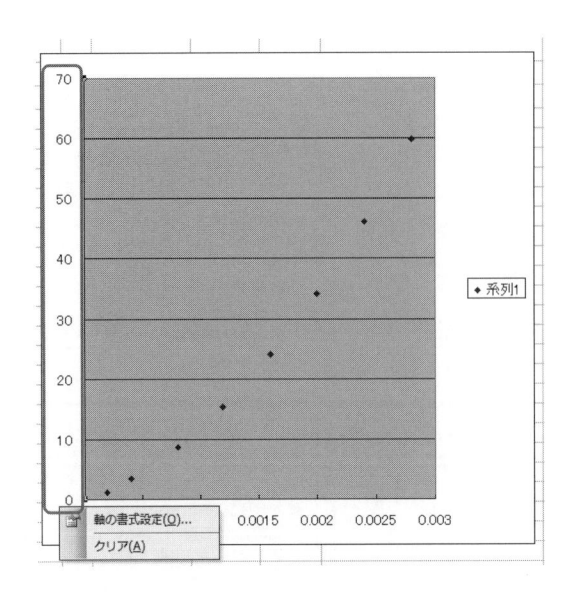

9 ろ過［グラフの作成，近似曲線の追加］

図 9-17 y 軸の書式設定の出し方

⑱ 図 9-14 と同様の画面が表示され，手順⑭から手順⑯で示した「x 軸の書式設定」と同様に「y 軸の書式設定」を行うことができる。

⑲ グラフのサイズや形を変えたい場合は，**図 9-18** で示すグラフの端にある黒い四角のところにカーソルを持っていき，クリックしながら変更したいサイズと形になるようにカーソルを移動させる。クリックしながらマウスのカーソルを動かすと，**図 9-19** のように点線が現れ，グラフはこの点線で示されているサイズと形になる。点線を好みのサイズと形にしたら，マウスのボタンを離す。

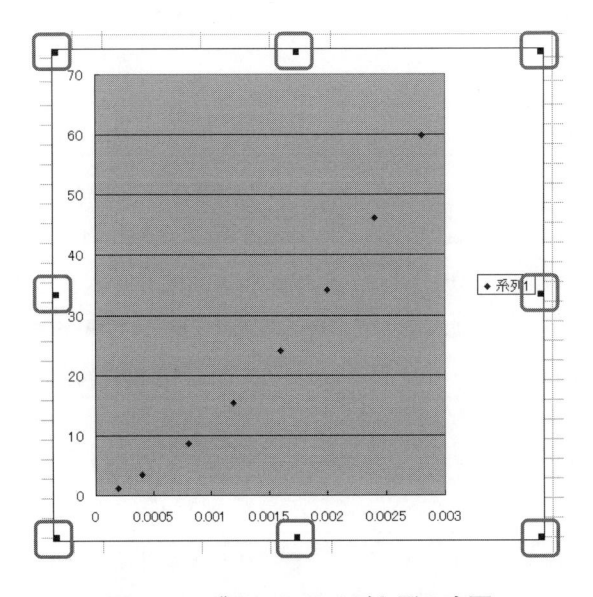

図 9-18 グラフのサイズと形の変更

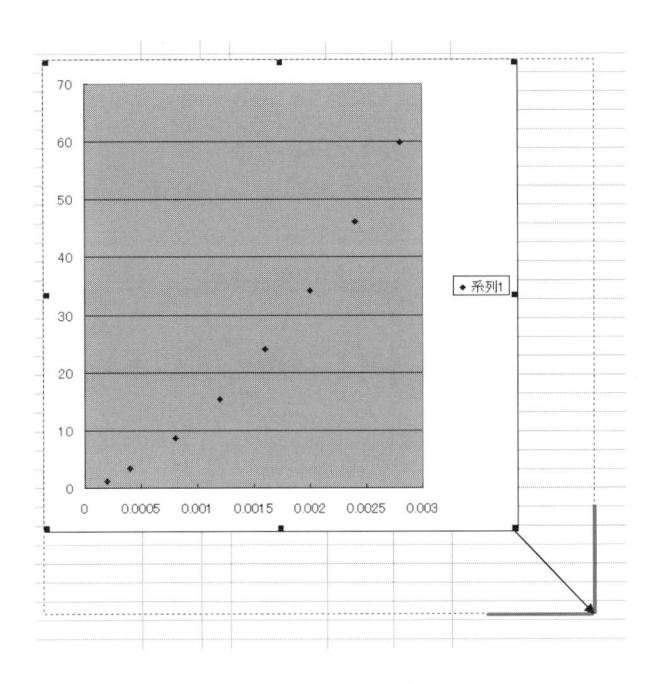

9.2 Ruth の定圧ろ過式—問題 9.1 フィルタプレスの設計

図 9–19 グラフのサイズと形の変更 2

⑳ グラフのプロットの設定を変更したい場合は，グラフ中の変更したい系列のプロットの上で右クリックをする（**図 9–20** 参照）。メニューが出てくるので，「データ系列の書式設定」を選択する。

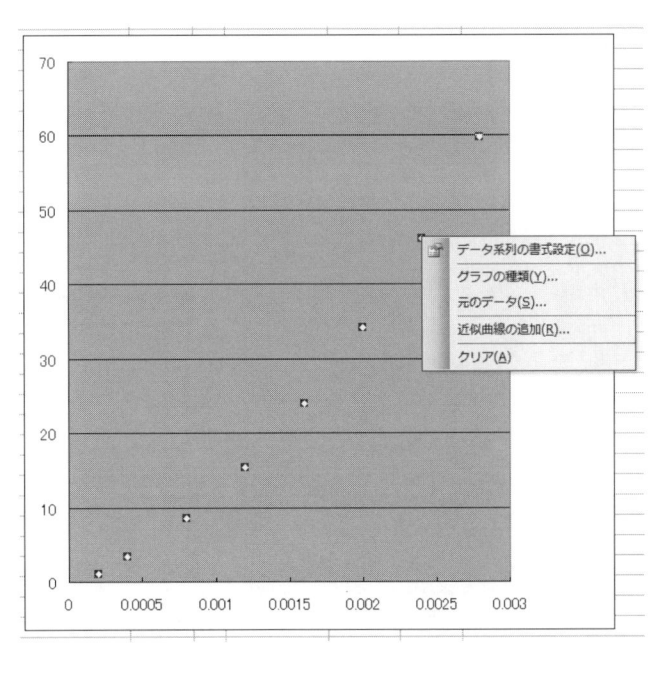

図 9–20 プロットの設定の変更方法

9 ろ過［グラフの作成，近似曲線の追加］

㉑　図 9–21 に示す「データ系列の書式設定」の画面が表示される。次のことなどが設定できる。

(ⅰ)　プロット（マーカー）の大きさの変更……ⓐ
(ⅱ)　プロットの形の変更……ⓑ
(ⅲ)　線の追加……ⓒ

図 9–21　データ系列の書式設定

㉒　図 9–22 の四角に囲われている部分で右クリックすると，図のようなメニューが表示される。

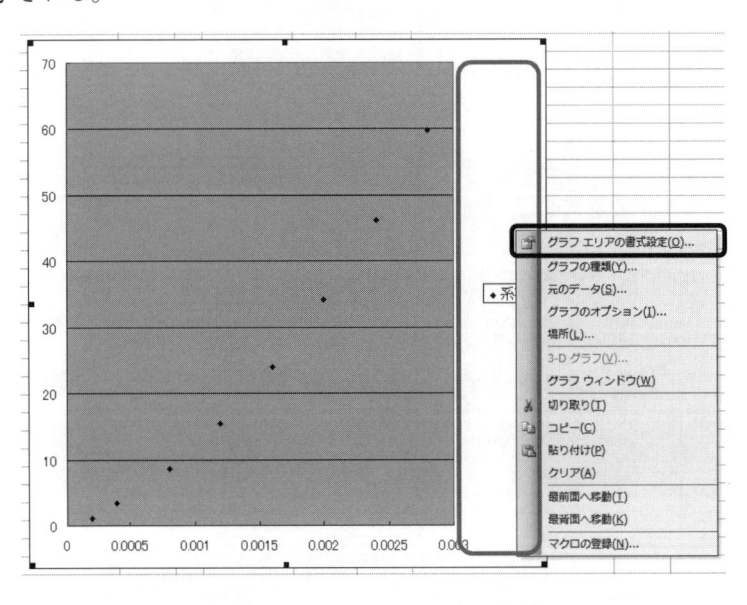

図 9–22　グラフエリアの書式設定

㉓ 図9-22のメニューで「グラフエリアの書式設定」を選択すると**図9-23**に示すグラフエリアの書式設定の画面が表示される。次のことを設定できる。
（ⅰ） グラフの背景の変更（「パターン」）
（ⅱ） グラフ全体のフォントの設定（「フォント」）

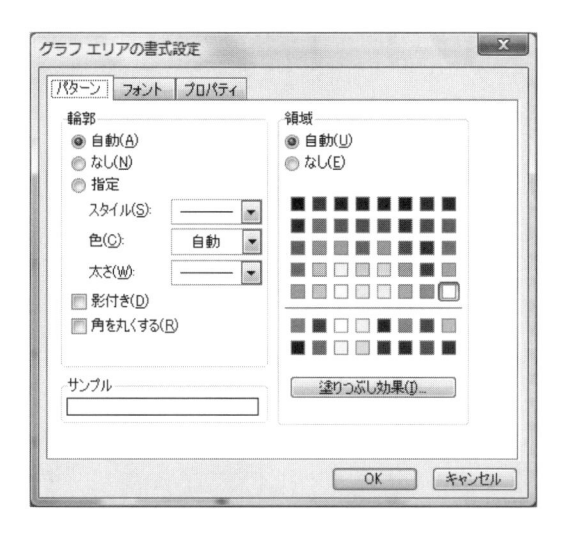

図9-23 グラフエリアの書式設定

㉔ **図9-24**の四角に囲われている部分で右クリックすることにより，図のようなメニューが表示される。「プロットエリアの書式設定」をクリックすると，図9-23に示したグラフエリアの書式設定とほぼ同様の画面が表示され，同じようにプロットエリアの背景などを変更することができる。ちなみに，図からわかるようにデフォルトではプロットエリアは灰色で塗りつぶされている。

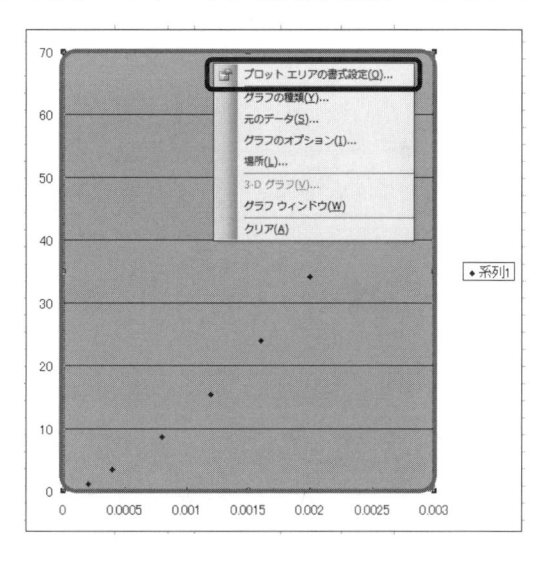

図9-24 プロットエリアの書式設定

9 ろ過 [グラフの作成, 近似曲線の追加]

㉕ 手順㉒の図9–22の四角に囲われているところをクリックすることによって表示されたメニューの「グラフオプション」をクリックすることによって, 手順⑩の設定をやりなおすことができる。本問題では x 軸はろ液量のデータなので「X/数値軸」という欄に「ろ液量 V[m3]」と入力し, y 軸は時間のデータなので「Y/数値軸」という欄に「時間 t[s]」と入力する。ここの設定では, フォントの上付きや下付きなどのフォントの設定はできないため, 後で変更する。入力が終わったら「OK」をクリックする。グラフの x 軸と y 軸のところにさきほど入力した軸ラベルが表示されている (図9–25)。

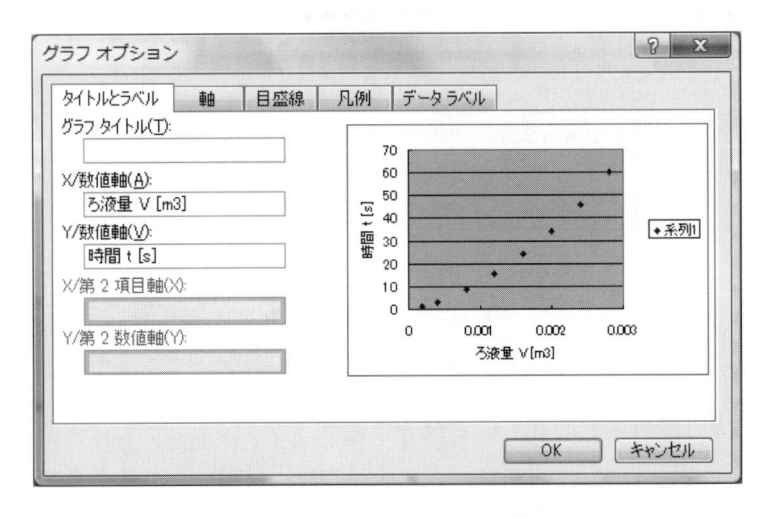

図9–25 グラフオプションの設定

㉖ 図9–26に示すように, 軸ラベルをクリックすることで軸ラベルのフォントを変更することができる。

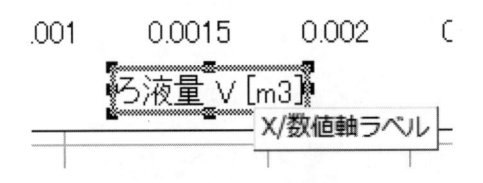

図9–26 数値軸ラベルのフォントの設定

㉗ フォントを変更したい文字を図9–27のように選択する。選択された文字は白黒反転するので, どの文字が選択されているかは簡単に確認することができる。本問題では「V」は変数なので, フォントを斜体に変更したい。そのため, **図9–28**に示すツールバーの「*I*」と表示されているボタンをクリックすることで, 選択してある文字を斜体に変更できる。

9.2 Ruthの定圧ろ過式—問題9.1 フィルタプレスの設計

図9-27 文字の選択

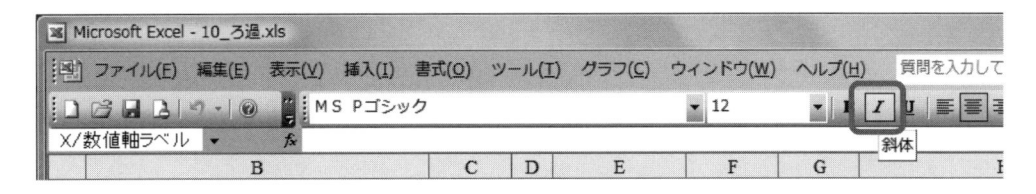

図9-28 斜体の設定

㉘ 軸ラベルに入力した「m3」の「3」は上付きにしたい。そのためには，まず「3」を選択し，「3」の文字の上にカーソルを合わせた状態で右クリックをする。すると，図9-29に示したメニューが表示されるので「軸ラベルの書式設定」をクリックする。

図9-29 軸ラベルの書式設定

㉙ 図9-30に示す軸ラベルの書式設定の画面が表示されるので，「上付き」にチェックを入れる。グラフの軸ラベルの「3」の部分が上付きになる。

9 ろ過［グラフの作成，近似曲線の追加］

図 9-30　軸ラベルのフォント設定の変更

㉚　グラフ全体を次のように調整することにより，**図 9-31** のようなグラフを作成することができる。

　（ⅰ）　プロットの大きさを大きくする。
　（ⅱ）　プロットエリアの背景を白にする。
　（ⅲ）　y 軸ラベルの「t」を斜体にする。
　（ⅳ）　グラフエリア全体のフォントを大きくする。
　（ⅴ）　グラフエリア全体の日本語のフォントを「MS 明朝」にする。
　（ⅵ）　グラフエリア全体の英数字のフォントを「Times New Roman」にする。
　（ⅶ）　x 軸と y 軸の線を太くする。
　（ⅷ）　プロットエリアの枠線を太くする。
　（ⅸ）　x 軸と y 軸の目盛間隔を適当な間隔にする。

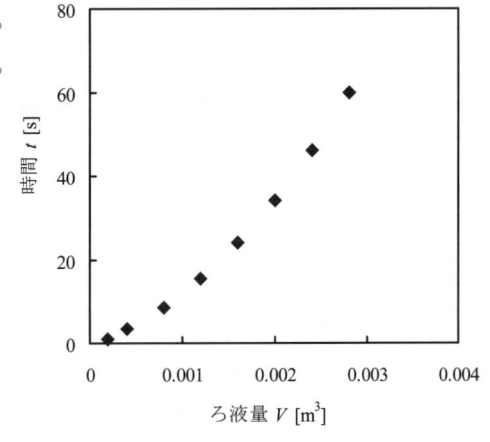

図 9-31　グラフの完成例

㉛　式 (9.5) のろ液量に対する 2 次式の 1 次と 2 次の係数を求めるために Excel の機能の 1 つである「近似曲線の追加」を用いる。手順㉑で示したように近似曲線を追加したいデータ系列を右クリックすることで図 9-20 に示したメニューを表示させ，この中から「近似曲線の追加」を選択する。

㉜　**図 9-32** に示した画面が表示され，近似曲線の種類を選択できる。本問題ではプロットを 2 次の多項式で近似したいため，図のように「多項式近似」を選択す

9.2 Ruthの定圧ろ過式—問題9.1 フィルタプレスの設計

る（次数には「2」を選択する）。選択すると背景が黒くなる。

図9-32 近似曲線の追加

㉝ 図9-32に示した画面の「オプション」をクリックすると，**図9-33**の画面が表示され，「グラフに数式を表示する」にチェックを入れることにより，近似曲線の数式を表示することができる。「グラフにR-2乗値を表示する」にチェックを入れることにより統計学でいう決定定数（誤差を表す数字）を表示することができる。R-2乗値が1に近いほどよく相関できている（近似曲線とデータがよく一致している）といえる。近似曲線のy軸との切片を設定したい場合は，「切片＝」の欄にその値を入力すればよい。式(9.5)はy軸との切片が「0」であるので，「0」の数値を入力する。

図9-33 近似曲線のオプション

㉞ 必要な設定が終わったら「OK」を押す。**図 9-34** に示すようにグラフに近似曲線とその数式が表示される。図 9-34 の近似曲線の R－2 乗値は「0.9999」でかなり 1 に近いことから，この近似曲線はデータをよく相関していることがわかる。近似曲線の式から，ろ液量に対する 2 次の多項式の 2 次の係数は「5.34×10^6」，1 次の係数は「6.42×10^3」だとわかる。得られた 2 次と 1 次の係数をそれぞれセル[C 8]とセル[C 9]に入力する。

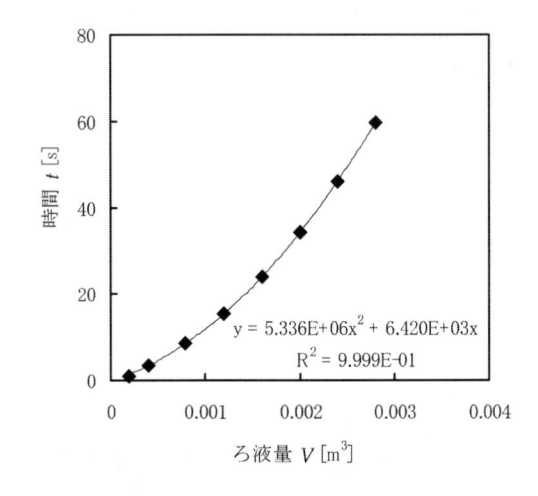

図 9-34 近似曲線の数式

㉟ セル[C 10]に，Ruth の定数 K を求めるための式(9.7)「＝1/C 8」を入力する。

㊱ セル[C 11]に，Ruth の定数 V_m を求めるための式(9.8)「＝C 10/2*C 9」を入力する。

㊲ セル[C 12]に，フィルタプレスの総有効ろ過面積を求めるための式「＝C 4*C 5」を入力する。

㊳ セル[C 13]に，フィルタプレスの K を求めるための式(9.11)「＝C 10/(C 2^2*C 3)*(C 12^2*C 6)」を入力する。

㊴ セル[C 14]に，フィルタプレスの V_m を求めるための式(9.14)「＝C 11/C 2*C 12」を入力する。

㊵ **図 9-35** に問題の解答を示す。

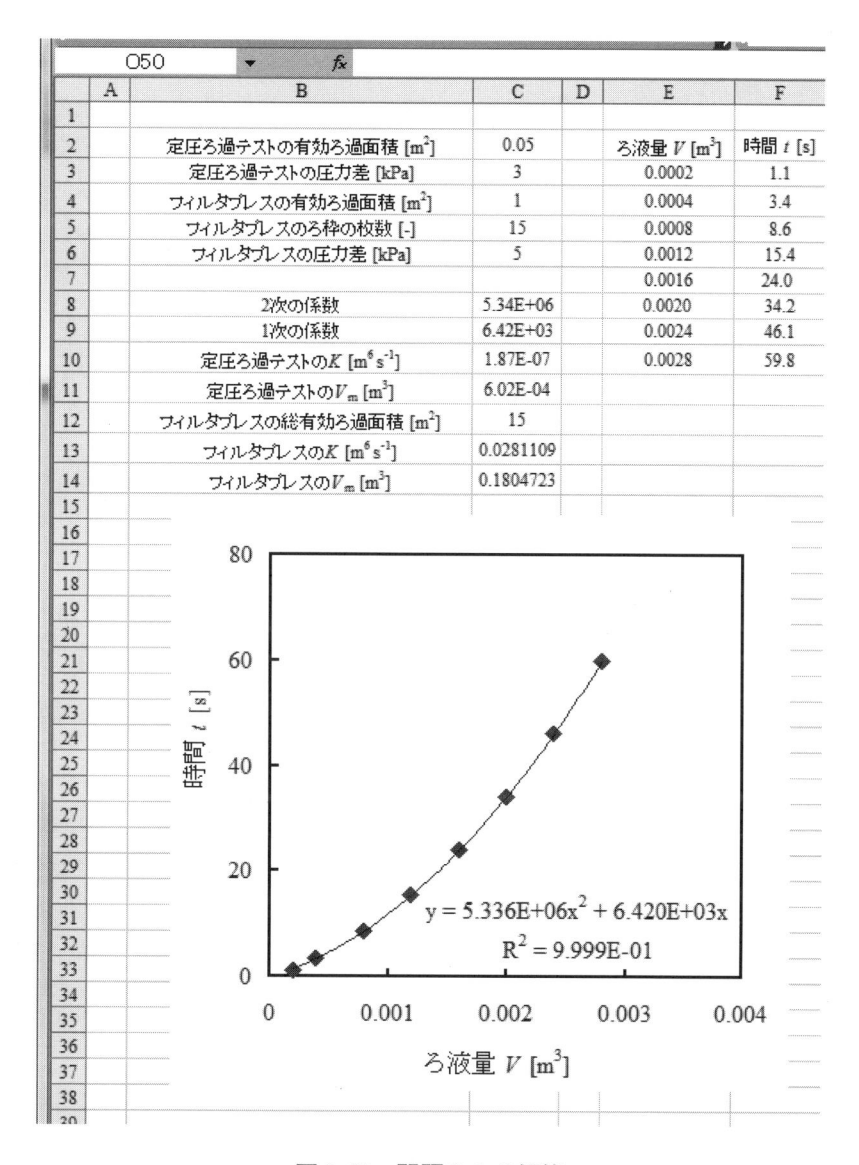

9.2 Ruth の定圧ろ過式—問題 9.1 フィルタプレスの設計

	A	B	C	D	E	F
1						
2		定圧ろ過テストの有効ろ過面積 [m²]	0.05		ろ液量 V [m³]	時間 t [s]
3		定圧ろ過テストの圧力差 [kPa]	3		0.0002	1.1
4		フィルタプレスの有効ろ過面積 [m²]	1		0.0004	3.4
5		フィルタプレスのろ枠の枚数 [-]	15		0.0008	8.6
6		フィルタプレスの圧力差 [kPa]	5		0.0012	15.4
7					0.0016	24.0
8		2次の係数	5.34E+06		0.0020	34.2
9		1次の係数	6.42E+03		0.0024	46.1
10		定圧ろ過テストの K [m⁶ s⁻¹]	1.87E-07		0.0028	59.8
11		定圧ろ過テストの V_m [m³]	6.02E-04			
12		フィルタプレスの総有効ろ過面積 [m²]	15			
13		フィルタプレスの K [m⁶ s⁻¹]	0.0281109			
14		フィルタプレスの V_m [m³]	0.1804723			

グラフ: $y = 5.336\mathrm{E}{+}06 x^2 + 6.420\mathrm{E}{+}03 x$, $R^2 = 9.999\mathrm{E}{-}01$

図 9-35　問題 9.1 の解答

<参考文献>

1) 川瀬義矩,『環境問題を解く化学工学』, 化学工業社 (2001)

9 ろ過 [グラフの作成，近似曲線の追加]

資料・解説

■緩速ろ過と急速ろ過

緩速ろ過は，大きな池に砂を敷き，原水をゆっくり通過させる。砂にはたくさんの微生物が生育しており，汚染物質を分解する。バイオフィルターの原型である。急速ろ過は，敷地面積が狭くて済むが，微生物による分解がほとんどない物理的なろ過処理である。

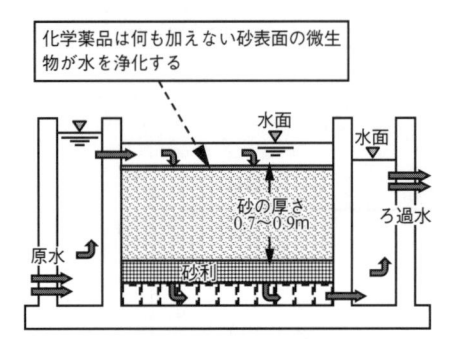

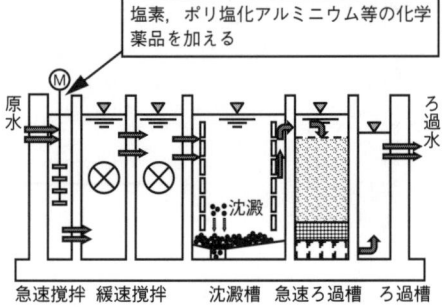

緩速ろ過装置（生物処理，ろ過，沈澱，酸化がハイブリッドした処理）

急速ろ過装置（物理処理と化学処理の組み合わせによる処理）

（和田洋六，『実務に役立つ水処理の要点』，工業調査会（2008））

項目		緩速ろ過	急速ろ過
ろ過池構造	ろ材有効径	0.3〜0.45 mm	0.45〜0.70 mm
	均等係数	2.0〜2.5 以下	1.7 以下
	砂層厚	70〜90 cm	60〜70 cm
	ろ過速度	4〜5 m day	100〜150 m day
砂ろ過層の再生		表面（生物膜の存在する厚さ 1〜2 cm の部分）のかきとりを 1〜2 か月に 1 回行う。30 回以上のかきとりが砂の補充なしに行えるように砂層厚が決められている。かきとり後，生物膜形成までの間，浄化能力はない	逆流洗浄を 0.5〜1 日に 1 回行う。数分間ろ過層の下から浄水を逆流させて砂層を流動させて洗浄する。通常，表面洗浄と組み合わせて行われる
浄化機構		砂層表面付近に生育した生物膜による吸着，生物化学作用が中心とされるが，砂層内部に生息する微生物も浄化に寄与する	凝集沈澱後の残留フロックのろ材への接着，凝集。砂層の全体でろ過が行われる（深層ろ過）。必ず凝集沈澱と組み合わせて行う
問題点		溶存酸素が必要であり，好気性生物膜が形成しえないような汚濁した原水には無力。広い面積と人手を要する	濁質には大きな除去能力を有するが，それ以外のものには不十分である

（川瀬義矩，『水の役割と機能化』，工業調査会（2007））

第10章

活性汚泥排水処理

10.1　活性汚泥法

　活性汚泥法は，曝気槽中に存在する活性汚泥と呼ばれる好気性微生物群により，水中の有機物質（BOD 成分）を吸着・生分解する方法である。活性汚泥法は，生物処理のなかでも最も効率の高い処理方法であり，良好な処理水が確保でき運転管理費が安価なことから世界的に普及している生物的処理法である。

　活性汚泥法の基本的なプロセスフローを**図 10-1**に示す。

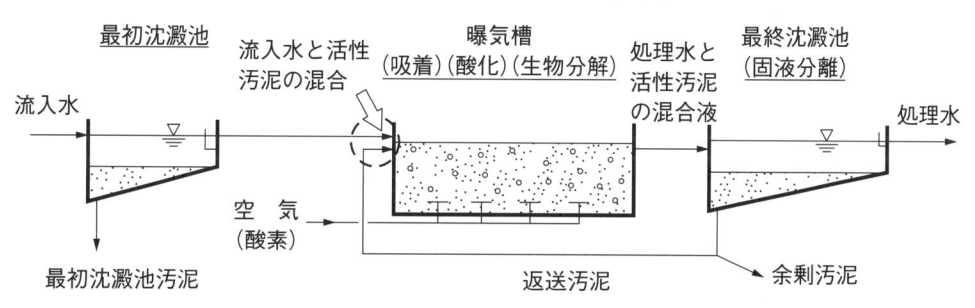

図 10-1　活性汚泥法のプロセスフロー[1]

　流入水は沈砂池で砂や粗いごみなどを除去した後，最初沈澱池に流入する。そこでは，沈澱により下水中の浮遊物質が除去される。続いて流入水は曝気槽へ返送汚泥とともに送られる。曝気槽には空気（酸素）を吹き込む（曝気）。活性汚泥中に含まれる好気性微生物群によって有機物質の吸着や生分解が行われ，汚濁水が浄化される。最終沈澱池（沈澱槽）では汚泥のフロックを沈澱させ，汚泥と処理水を分離する。上澄み液は放流し（さらに高度処理する場合もある），沈澱したフロックの一部は余剰汚泥として引き抜き，残りは返送汚泥として曝気槽に戻す。

10 活性汚泥排水処理

10.2 余剰汚泥

標準的な活性汚泥法では，下水中の有機物質を曝気槽内の微生物群の同化（代謝）により除去しているので，微生物群は増殖し余剰汚泥が発生する。余剰汚泥は産業廃棄物として処分するため，環境負荷低減やコスト削減の観点から余剰汚泥をいかに減らすかが求められている。

10.3 活性汚泥法でよく使われる用語

1) SS（Suspended Solid）
水中に浮遊している不溶解成分の総称。活性汚泥法においては活性汚泥量を示す場合が多い。乾燥重量[mg L^{-1}]で表す。

2) ML（Mixed Liquor）
曝気槽中の原水と活性汚泥の混合水のこと。

3) MLSS（Mixed Liquor Suspended Solid）
混合液中の浮遊物質量を表すが，おもに微生物の量（乾燥重量[mg L^{-1}]）を表す。MLSS の中には無機物などの SS も含まれる。

4) MLVSS（Mixed Liquor Volatile Suspended Solid）
MLSS を強熱してその減量[mg L^{-1}]で表す。MLSS に比べより生物量に近い数値を意味する。通常，MLSS のおよそ80% を占める。

5) SV_{30}（Sludge Volume）
汚泥沈降のしやすさを表す。1 L の ML をメスシリンダーにとり，30 分沈降させ沈澱物の容量[mL]を読み，次式で計算する。

SV_{30}％＝沈降汚泥容量[mL]/1,000 mL×100

SV_{30} が大きくなると放流できる上澄み液量が減少するため，処理効率が低下する。産業排水では通常 20〜30% である。

6) SVI（Sludge Volume Index）
SVI は活性汚泥を 30 分間静置した時の 1 g の活性汚泥が占める容量[mL]を表す。

SVI＝SV_{30}×10,000/MLSS

正常な活性汚泥の SVI は 50〜150 mL g^{-1} であるが，300 mL g^{-1} 以上ではバルキング（汚泥が沈降しにくくなる現象）の可能性がある。

7) リサイクル比（返送比）
原水流量に対する返送汚泥流量の比で表される。曝気槽の MLSS 濃度の制御に

最も重要なパラメーターである。

8) F/M 比（BOD–MLSS 負荷）

F：Food（BOD）と M：Microorganisms（MLSS）の比。曝気槽内の MLSS 1 kg 当たり 1 日に流入する BOD 重量 [kg] で，単位は kg–BOD(kg–MLSS・day)$^{-1}$ である。

9) OLR（Organic Loading Rate，BOD–容積負荷）

曝気槽 1 m^3 当たり 1 日に流入する BOD 重量 [kg] で，単位は kg–BOD m^{-3} day^{-1} で表す。

10) 汚泥日令

活性汚泥の曝気槽中の滞留時間のこと。活性汚泥が曝気槽に流入してから余剰汚泥として引き抜かれるまでの滞留日数で表す。

問題 10.1 活性汚泥排水処理装置の設計[2]

化学薬品工場からの排水（流量 $Q=1,710$ m^3 day^{-1}，BOD 濃度 $S=1,500$ mg L^{-1}）を処理するための完全混合型活性汚泥処理装置を設計する。曝気槽の体積 V [m^3]，滞留時間 θ [day]，F/M 比，BOD–容積負荷 OLR [kg–BOD m^{-3} day^{-1}]，リサイクルの流量 Q_r [m^3 day^{-1}] を求めなさい。除去率 $R=0.967$，汚泥日令 $\theta_{cell}=5$ day，増殖収率（菌体が消費した BOD と増殖した菌体の重量比）$Y=0.6$ mg–cell (mg–BOD)$^{-1}$，死滅係数 $K_d=0.07$ day^{-1}，曝気槽中の MLSS とリサイクル中の MLSS を，それぞれ 5,000 と 15,000 mg L^{-1} とする。図 10–2 にプロセスフローを示す。

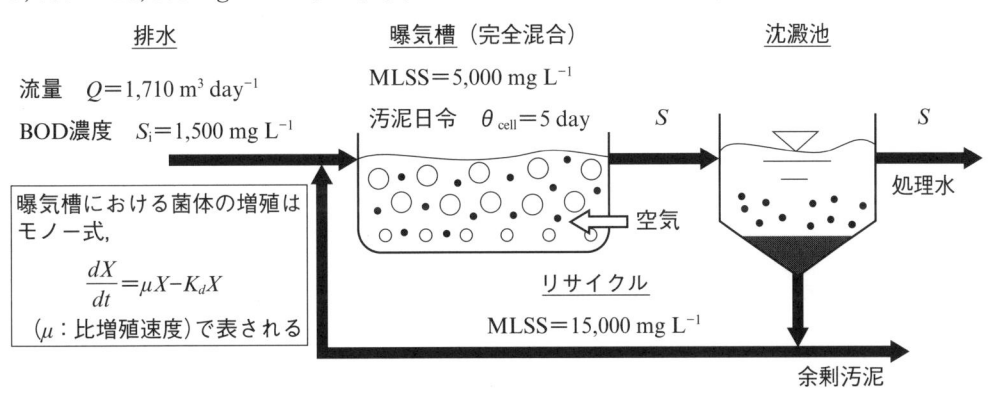

図 10–2 プロセスフロー

解 説

処理水の BOD 濃度 S は，除去率 R から，

$$S = S_i \times (1-R) = 1,500 \times (1-0.967) = 49.5 \text{ mg L}^{-1} \tag{10.1}$$

と求められる。

曝気槽中の菌体濃度 X（MLVSS）は，MLSS の 80 % の値であることから，

$$X = 曝気槽中の\,\text{MLSS} \times 0.8 = 5{,}000 \times 0.8 = 4{,}000 \text{ mg L}^{-1} \tag{10.2}$$

である。

定常状態における曝気槽での菌体の収支をとると次式を得る。[3]

$$VX = Y\theta_{\text{cell}} Q(S_i - S) - VXK_d\theta_{\text{cell}} \tag{10.3}$$

左辺は曝気槽中の菌体の量を表し，右辺の第1項目はBOD消費による菌体増殖量，第2項目は菌体の死滅量をそれぞれ表す。

V についてまとめると，

$$V = \frac{Y\theta_{\text{cell}}Q(S_i-S)}{X(1+K_d\theta_{\text{cell}})} = \frac{0.6 \times 5 \times 1{,}710 \times (1{,}500-49.5)}{4{,}000 \times (1+0.07 \times 5)} = 1{,}378 \text{ m}^3 \tag{10.4}$$

となる。

滞留時間は，次式で求められる。

$$\theta = V/Q = 1{,}378/1{,}710 = 0.806 \text{ day} \tag{10.5}$$

F/M 比は，

$$\text{F/M} = S_i/(\theta X) = 1{,}500/(0.806 \times 4{,}000) = 0.465 \text{ day}^{-1} \tag{10.6}$$

である。

BOD-容積負荷 OLR は，次式で計算できる。

$$\begin{aligned}\text{OLR} &= (S_i - S)Q/V \\ &= (1{,}500 \text{ mg L}^{-1} - 49.5 \text{ mg L}^{-1}) \times 10^{-6} \text{ kg mg}^{-1} \times 1{,}710 \text{ m}^3 \text{ day}^{-1} \\ &\quad \times \frac{1{,}000 \text{ L}}{1 \text{ m}^3}/1{,}378 \text{ m}^3 = 1.80 \text{ kg-BOD m}^{-3} \text{ day}^{-1}\end{aligned} \tag{10.7}$$

リサイクル中の菌体濃度 X_r（MLVSS）は，式(10.2)と同様に，

$$X_r = リサイクル中の\,\text{MLSS} \times 0.8 = 15{,}000 \times 0.8 = 12{,}000 \text{ mg L}^{-1} \tag{10.8}$$

と求められる。

リサイクル比 r は，次式で求められる。

$$r = X/(X_r - X) = 4{,}000/(12{,}000 - 4{,}000) = 0.5 \tag{10.9}$$

リサイクルの流量 Q_r は，

$$Q_r = Qr = 1{,}710 \times 0.5 = 855 \text{ m}^3 \text{ day}^{-1} \tag{10.10}$$

となる。

Excel による計算

① セル[C 11]に処理水の BOD 濃度を求めるための式(10.1)「＝C 3*(1－C 4)」を入力する。

② セル[C 12]に曝気槽中の菌体濃度を求めるための式(10.2)「＝C 7*0.8」を入力する。

③ セル[C13]に曝気槽の体積を求めるための式(10.4)「＝C5*C6*C2*(C3−C11)/(C12*(1+C8*C6))」を入力する。

④ セル[C14]に滞留時間を求めるための式(10.5)「＝C13/C2」を入力する。

⑤ セル[C15]にF/M比を求めるための式(10.6)「＝C3/C14/C12」を入力する。

⑥ セル[C16]にBOD-容積負荷を求めるための式(10.7)「＝(C3−C11)*10^−6*C2*1000/C13」を入力する。

⑦ セル[C17]にリサイクル中の菌体濃度を求めるための式(10.8)「＝C9*0.8」を入力する。

⑧ セル[C18]にリサイクル比を求めるための式(10.9)「＝C12/(C17−C12)」を入力する。

⑨ セル[C19]にリサイクルの流量を求めるための式(10.10)「＝C18*C2」を入力する。

⑩ 図10-3に問題の解答を示す。

	B	C
2	流量 Q [m³ day⁻¹]	1710
3	入口BOD濃度 S_i [mg L⁻¹]	1500
4	除去率 R [-]	0.967
5	最大増殖収率 Y [mg-cell (mg-BOD)⁻¹]	0.6
6	菌体の滞留時間 θ_{cell} [day]	5
7	MLSS [mg L⁻¹]	5000
8	死滅係数 K_d [day⁻¹]	0.07
9	リサイクル中のMLSS [mg L⁻¹]	15000
10		
11	処理水のBOD濃度 S [mg L⁻¹]	49.5
12	菌体濃度 X [mg L⁻¹]	4000
13	曝気槽体積 V [m³]	1377.975
14	滞留時間 θ [day]	0.805833333
15	F/M比 [-]	0.465356774
16	BOD - 容積負荷OLR [kg m⁻³ day⁻¹]	1.80
17	リサイクル中の菌体濃度 X_r [mg L⁻¹]	12000
18	リサイクル比 r [-]	0.5
19	リサイクル流量 Q_r [m³ day⁻¹]	855

図 10-3 問題 10.1 の解答

<参考文献>

1) 建設省,『下水道施設計画・設計指針と解説後編　1994年版』,日本下水道協会（1995）
2) L. K. Wang, Y. -T. Hung, H. H. Lo, C. Yapijakis, "Waste Treatment in the Process Industries", Taylor & Francis（2006）
3) 川瀬義矩,『生物反応工学の基礎』, 化学工業社（1993）

10 活性汚泥排水処理

資料・解説

■活性汚泥

活性汚泥には，細菌，原生動物，藻類，後生動物などが存在する。これらの生物を微生物と総称している。酸素を必要とする好気性微生物（有機物を分解し，その生成物は CO_2，H_2O，硝酸，硫酸，リン酸など）と酸素を必要としない嫌気性微生物（有機物を分解し，その生成物はメタン，CO_2，H_2O，NH_3，H_2S など）が存在。

■活性汚泥処理法の操作条件

	BOD容積負荷 [kg $(m^3 day)^{-1}$]	MLSS [mg L^{-1}]	送気量 [倍排水量]	曝気槽滞留時間 [hr]	汚泥返送比 [%]	SVI [mg L^{-1}]	BOD除去率 [%]
標準活性汚泥法	0.3〜0.8	1,500〜2,000	3〜7	6〜8	20〜30	60〜120	95
汚泥再曝気法	0.8〜1.4	2,000〜8,000	12以上	5以上	50〜100	50〜100	90
オキシデーションディッチ	0.1〜0.2	3,000〜4,000		24〜48	50〜150		95

標準活性汚泥法：図 10-1 に示すプロセス
汚泥再曝気法：曝気槽内の汚泥量 MLSS を高くし処理効果を高くするため，返送汚泥を 5〜7 時間再曝気することにより汚泥の活性化と安定化を図るプロセス
オキシデーションディッチ：1m 以下の浅い水路を巡回するような形状の曝気槽を用いたプロセス

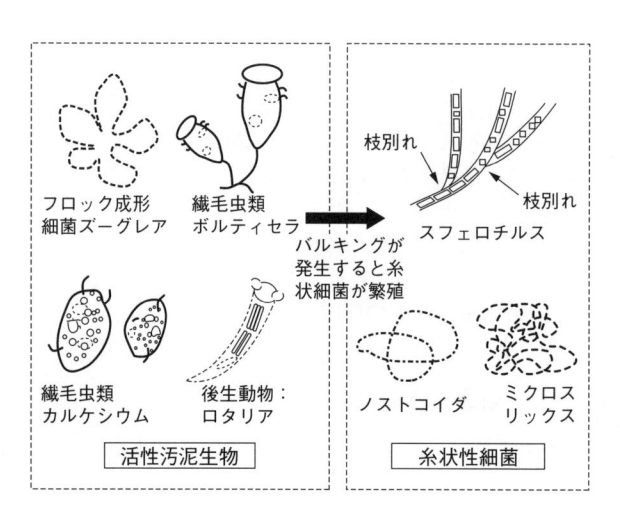

■バルキング

活性汚泥処理において，活性汚泥中の生物が弱って増殖速度が低下する時期に，汚泥がかさばって沈降しなくなり上澄水と分離しにくくなるバルキング（膨化）が問題になる。糸状菌が繁殖すると絡まり白濁の浮遊物となる。沈澱槽で沈降しないため上澄み水と分離できなくなる。

活性汚泥生物：フロック成形細菌ズーグレア，繊毛虫類ボルティセラ，繊毛虫類カルケシウム，後生動物：ロタリア
糸状性細菌：スフェロチルス（枝別れ），ノストコイダ，ミクロスリックス
バルキングが発生すると糸状細菌が繁殖

（和田洋六，『実務に役立つ水処理の要点』，工業調査会（2008））

第11章

吸着［ソルバー］

11.1　吸着の原理

　吸着には物理吸着と化学吸着の2種類が存在する。物理吸着では主にファンデルワールス力により起こり，ファンデルワールス力は他の相互作用の力と比較して弱いため，加熱などの操作により容易に脱着する。化学吸着は吸着成分と吸着剤の表面とで共有結合を形成するため，脱着しにくいといった特徴がある。排水処理プロセスでは，脱着による吸着剤の再生が可能な物理吸着が用いられる場合が多い。代表的な吸着剤としては，活性炭，シリカゲル，ゼオライト，活性アルミナがある。工業的に広く用いられている吸着剤の特徴と利用分野を**表11-1**に示す。

　活性炭は多孔質炭素吸着剤として広く用いられている。表面が疎水性で，粒子内部に微細孔を持ち，一般に，1g当たり数百m^2を超える表面積をもっているため，非常にすぐれた有機物除去容量を有する。**図11-1**に一般的な活性炭による有機物質の吸着除去のしくみを示す。水中の分子量が1,000以下程度の有機物質は細孔内に侵入し容易に吸着されるが，分子量1,500以上のものは細孔内に入ることができず，細孔の入口を塞いでしまう。そのため，活性炭を用いて水中の有機物質を除去する場合，前工程において高分子量の有機物質を除去しておくことにより，効率よく有機物質を除去することができる。

11.2　吸着平衡

　活性炭などの吸着剤を，フェノール（有害物質の例）が含まれている排水中に添加すると，排水中のフェノール分子が活性炭表面に吸着し始め，排水中のフェノール濃

11 吸着 [ソルバー]

表 11-1 工業的に広く用いられている吸着剤の特徴と利用分野[1]

吸着剤		粉磨 [メッシュ]	かさ密度 [g cm^{-3}]	平均孔径 [Å]	気孔率 [−]	比表面積 [m^{2}g^{-1}]	特徴および用途
活性炭	粒状炭 (成型炭)	4/6, 6/8, 8/10 など	0.35〜0.55	10〜30	0.45〜0.65	900〜1,300	・有機化合物を吸着 ・再生は, 水蒸気または焼成 ・溶剤回収, 水処理, 脱臭, 空気分離 (窒素や酸素の濃縮)
	破砕炭	6/10, 8/12, 12/32 など	0.34〜0.60	10〜30	0.50〜0.65	850〜1,500	
	粉末炭	—	0.20〜0.40	10〜50	—	700〜1,500	
(モレキュラーシーブ)ゼオライト	造粒品 (成型品 ビーズ)	4/8, 8/12	0.56〜0.67	3, 4, 5, 10 など	—	—	・4 A, 5 A, 13 X など, 孔径の異なるものがある ・水分, 極性化合物の吸着のほか直鎖化合物の分離など
	粉末	<10 μm	—	—	—	—	
シリカゲル		4/6, 6/10 など	0.70〜0.82	20〜30	0.44〜0.46	550〜700	・おもに脱湿, 水分除去。その他, 芳香族化合物の分離
活性アルミナ		4/6, 6/10 など	0.45〜0.92	40〜120	0.40〜0.76	150〜300	・主として脱湿, 着色物質の除去

・かさ密度：粉体層単位体積当たりの質量

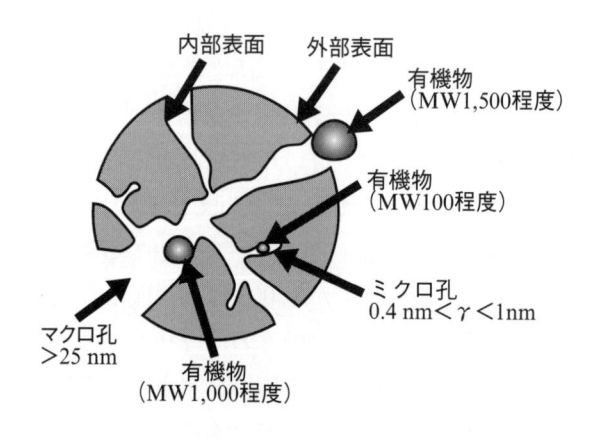

図 11-1 吸着のメカニズム[2] (MW：分子量)

度が減少していく。しばらく経つと，フェノール分子が活性炭表面に吸着する速度と活性炭表面から脱着する速度が等しくなり，見かけ上排水中のフェノール濃度が一定の値となる（図 11-2）。一定温度における物理吸着の平衡関係を表す式（吸着等温式）としてラングミュア式，フロイドリッヒ式，BET 式などがある。

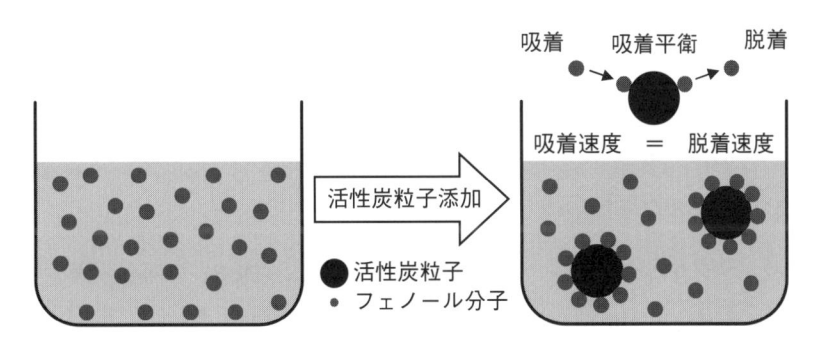

図 11-2　吸着平衡

11.3　ラングミュア式

　ラングミュア式はメタンや窒素などの気体分子が吸着剤表面に 1 分子層だけ吸着すると仮定して導かれた式であるが，水処理の分野でも吸着塔の設計などに用いられている。ラングミュア式は次式で表される。

$$q_e = \frac{q_\infty KC}{1+KC} \tag{11.1}$$

ここで，q_e は平衡吸着量[mg mg^{-1}]，C は残留吸着物質濃度[mg L^{-1}]，q_∞ は飽和吸着量[mg mg^{-1}]，K は吸着速度係数に関する定数[L mg^{-1}]である。q_∞ と K が実験から求めるパラメーターである。ラングミュア式に従う平衡吸着量と残留吸着物質濃度のグラフを**図 11-3** に示す。

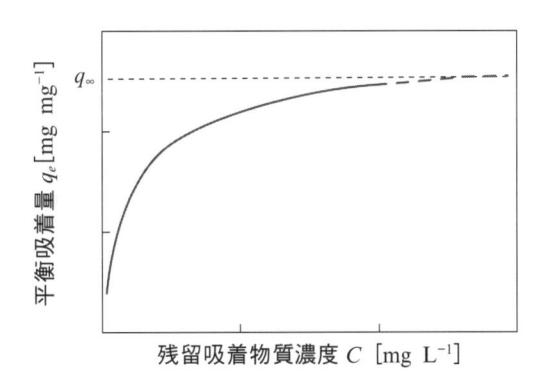

図 11-3　ラングミュア式に従う吸着の平衡吸着量と残留吸着物質濃度の関係

11 吸着［ソルバー］

問題 11.1　界面活性剤の吸着除去[3]（近似曲線の追加）

排水中に含まれる界面活性剤であるドデシルベンゼンスルフォン酸ナトリウム（DBS）を活性炭で吸着除去するために吸着平衡データを求めた。データは**表 11-2**に示すとおりである。ラングミュア式により相関し，パラメーターであるq_∞ [mg g^{-1}]とK [L mg^{-1}]を求めなさい。

表 11-2　ドデシルベンゼンスルフォン酸ナトリウム（DBS）の吸着平衡データ[3]

C [mg L^{-1}]	1.6	4.52	6.8	8.16	11.5	12.7	18.2	29	38.9	57.3
q_e [mg(g-活性炭)$^{-1}$]	170.7	228.1	258	283.7	321.3	335.4	378.6	434.6	401.3	429

解説

式(11.1)の逆数を取り，まとめると次の式を得ることができる。

$$\frac{1}{q_e} = \frac{1}{q_\infty K}\frac{1}{C} + \frac{1}{q_\infty} \tag{11.2}$$

両辺にCを掛けると，

$$\frac{C}{q_e} = \frac{1}{q_\infty K} + \frac{C}{q_\infty} \tag{11.3}$$

式(11.3)において (C/q_e) をy，Cをxとすると，

$$y = \frac{1}{q_\infty K} + \frac{1}{q_\infty}x \tag{11.4}$$

となり，さらに $(1/q_\infty K)$ をb，$(1/q_\infty)$ をaとすると，次式が得られる。

$$y = ax + b \tag{11.5}$$

式(11.5)は直線の方程式であるため，(C/q_e) をy，Cをxとしプロットすれば直線関係が得られるはずである。実際に実験で得た結果を式(11.4)のようにプロットすれば，直線関係が得られたかどうかで，ラングミュア式に当てはまるかどうかを確認することができる。式(11.4)と(11.5)から，直線の傾きが $(1/q_\infty)$ を表し，y軸の切片が $(1/q_\infty K)$ を表すことがわかる。そのため，直線の式の傾きとy軸の切片により，q_∞とKを求めることができる。また，式(11.4)に$y=0$を代入しxについてまとめると，

$$x = \frac{-1}{K} \tag{11.6}$$

となり，x軸の切片からもKを求めることができる。

11.3 ラングミュア式―問題11.1 界面活性剤の吸着除去

Excel による計算

① 表11-2に示されている実験データがセル[B2-L3]に入力してある。データの並び方が横に並んでいるとグラフなどを作るうえで扱いづらい。そのため、データを縦方向に並び変える。

② 実験データの入力されているセル[B2-L3]を選択し、右クリックする。図11-4に示すメニューが表示される。「コピー」を選択することにより、実験データをコピーできる。

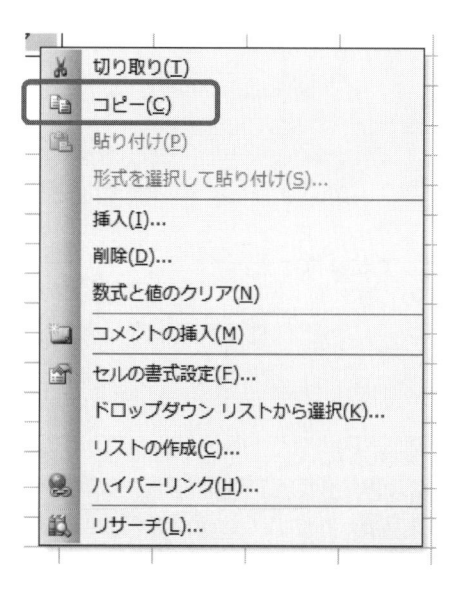

図11-4 データをコピーするため右クリックしたときに表示されるメニュー

③ 実験データを貼り付けたいセルの範囲の一番左上のセル[B5]をクリックして選択する。ここでは、実験データをコピーした際に数値データだけでなく、「C [mg L^{-1}]」や「q[mg(g-活性炭)$^{-1}$]」などのラベルもコピーしたため、セル[B5]を貼り付け先のセルの一番左上のセルとして選択している。

④ セル[B5]を選択した状態で右クリックをすると図11-4と同じようなメニューが表示される。図11-4の状態では「コピー」の下にある「貼り付け」と「形式を選択して貼り付け」の部分が灰色だったが、**図11-5**では黒字になり選択できるようになっている。これは、手順②で実験データをコピーしたことによりデータを貼り付けられる状態になったことを意味している。つまり、図11-4ではまだデータをコピーしていない状態で、貼り付けるためのデータが用意されていないために貼り付けできない。そのため、灰色で表示されていたが、図11-5では手順②で実験データをコピーしたため、貼り付けるためのデータが用意され、データを貼り付けることが可能になり、「貼り付け」と「形式を選択して貼り付け」

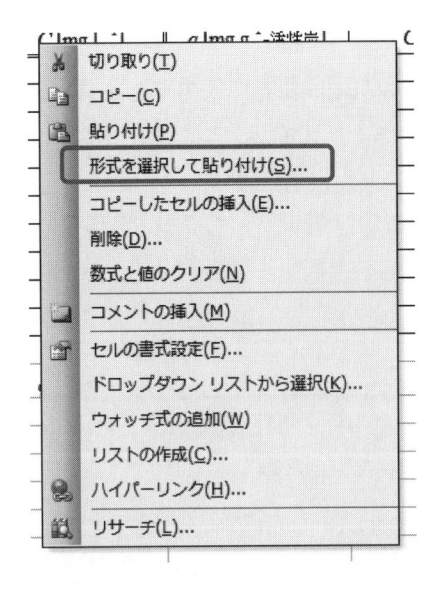

図 11-5 形式を選択して貼り付け
(データを貼り付けるために右クリックした場合のメニュー)

が黒字で表示されるようになった。通常では,「貼り付け」を選択することにより,コピーしたデータをそのまま貼り付けることが可能だが,ここでは,データの行と列を入れ替えたい(横方向に並んだ実験データを縦方向に変えたい)ため,そのまま貼り付けるわけにはいかない。そこで,「形式を選択して貼り付け」を選択(クリック)する。

⑤ 「形式を選択して貼り付け」を選択すると図 11-6 に示す画面が現れるので,「行列を入れ替える」にチェックを入れ,「OK」をクリックする。セル[B 5−C 15]のセルに実験データが入力できる。

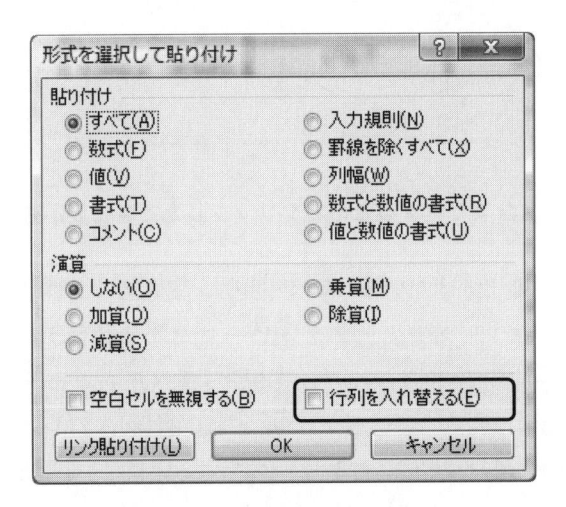

図 11-6 行と列を入れ替える

⑥ セル[D 6−D 15]に (C/q_e) を計算するために,まずセル[D 6]に「=B 6/C 6」の数式を入力し,セル[D 6]をクリックして選択する。

⑦ セル[D 6]の数式を「オートフィル」し,セル[D 7−D 15]に数式を一気に入力する。

⑧ (C/q_e) を y,C を x としてプロットしたグラフを作成するために,(C/q_e) と C を,同時に選択する手順(データの系列が隣同志ではなく離れている場合

11.3 ラングミュア式―問題 11.1 界面活性剤の吸着除去

の手順)を説明する.セル[B 6 − B 15]を選択する.

⑨ キーボードの「Ctrl キー」を押しながらセル[D 6 − D 15]を選択する.

⑩ メニューバーの「挿入」のメニューにある「グラフ」をクリックし，(C/q_e) を y，C を x としてプロットした「散布図」を作成する.

⑪ グラフ全体を以下のように調整することにより**図 11−7** のようなグラフを作成することができる(第 9 章ろ過の問題，手順⑬−㉙を参照).

(i) プロットの大きさを大きくする.
(ii) プロットエリアの背景を白にする.
(iii) x 軸ラベルの「C」を斜体にする.
(iv) x 軸ラベルの「−1」を上付きにする.
(v) y 軸ラベルの「C」と「qe」を斜体にする.
(vi) y 軸ラベルの「qe」の「e」を下付きにする.
(vii) y 軸ラベルの「qe−1」の「−1」を上付きにする.
(viii) y 軸ラベルの「L−1」の「−1」を上付きにする.
(ix) グラフエリア全体のフォントを大きくする.
(x) グラフエリア全体のフォントを「Times New Roman」(英数字で最も一般的に使われるフォント)にする.
(xi) x 軸と y 軸の線を太くする.
(xii) プロットエリアの枠線を太くする.
(xiii) x 軸と y 軸の目盛間隔を適当な間隔にする.
(xiv) 系列に「実験値」と名前を付ける.

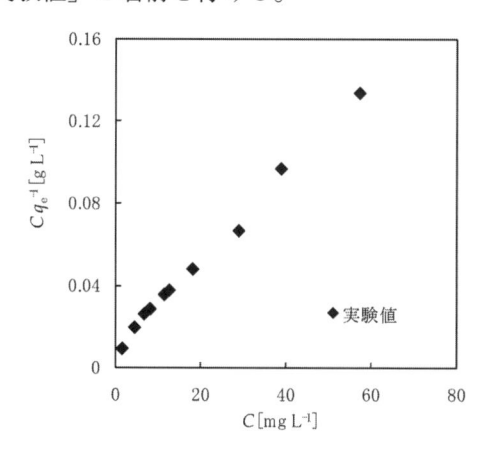

図 11−7 グラフの完成例

⑫ (C/q_e) と C のプロットの傾きと y 軸の切片を求めるために，「近似曲線の追加」を用いる(第 9 章ろ過の問題，手順㉛−㉞を参照).本問題ではプロットを直線の式で近似したいため，「線形近似」を選択する.

⑬　図 11-8 に示したように近似曲線とその数式を表示させる。近似曲線の式から直線の式の傾きは「0.0022」, y 軸の切片は「0.0094」だとわかる。得られた傾きと切片の値をそれぞれセル[D 18]とセル[E 18]に入力する。

　現在の実験データを新しいデータに入力しなおした場合, グラフの近似曲線は新しく引きなおされ, 近似曲線の式も当然変わってしまう。上で説明したように, 近似曲線の式を目で見て傾きと切片の数値をセルに打ち込んだ場合, 新しくなった近似曲線の数式を確認して, セルの値を新しい値に打ち直さなければならない。「SLOPE」と「INTERCEPT」という Excel 関数を使うことで, プロットしたデータの直線の式の傾きと切片を自動的に計算することができる。しかし, これらの関数は, データのプロットが直線近似できない場合（R-2 乗値の値が 1 より非常に小さい）でも無理やり直線近似して傾きと切片を出力してしまうので, 直線近似できているか確認が必要である。

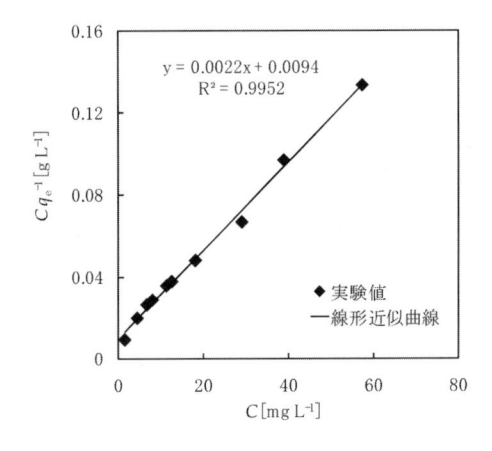

図 11-8　近似曲線の数式

⑭　図 11-8 の近似曲線の R-2 乗値は「0.9952」でかなり 1 に近いことから, この近似曲線はデータをよく相関していることがわかり, このプロットは直線関係になっていることがわかる。つまり, ドデシルベンゼンスルフォン酸ナトリウムの活性炭による吸着は, ラングミュア式によって表すことができるということがわかる。

⑮　傾きが $(1/q_\infty)$ を表すことから, セル[B 18]に「=1/D 18」の数式を入力すると, q_∞ が求められる。

⑯　y 軸の切片が $(1/q_\infty K)$ を表すことから, セル[C 18]に「=D 18/E 18」の数式を入力すると, K が求められる。

⑰　図 11-9 に問題の解答を示す。

11.3 ラングミュア式—問題11.1 界面活性剤の吸着除去

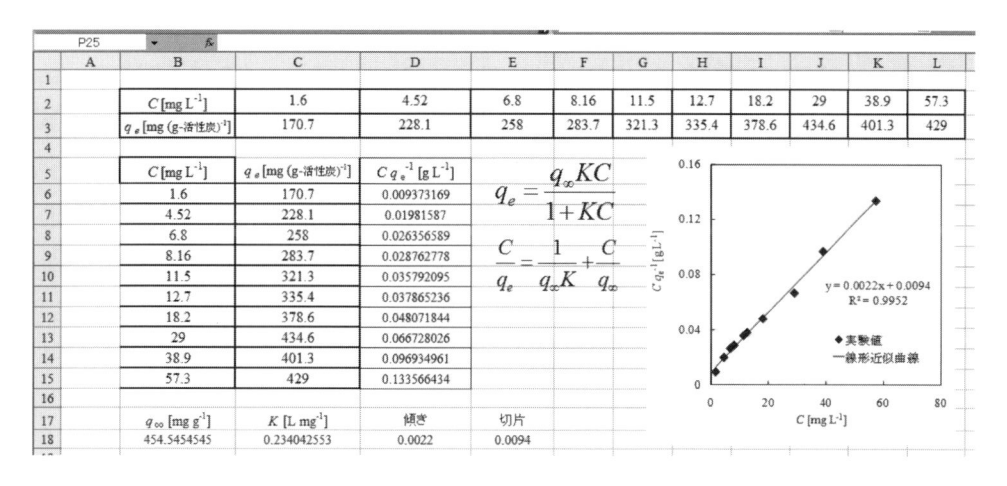

	A	B	C	D	E	F	G	H	I	J	K	L
1												
2		C [mg L^{-1}]	1.6	4.52	6.8	8.16	11.5	12.7	18.2	29	38.9	57.3
3		q_e [mg (g-活性炭)$^{-1}$]	170.7	228.1	258	283.7	321.3	335.4	378.6	434.6	401.3	429
4												
5		C [mg L^{-1}]	q_e [mg (g-活性炭)$^{-1}$]	$C\,q_e^{-1}$ [g L^{-1}]								
6		1.6	170.7	0.009373169								
7		4.52	228.1	0.01981587								
8		6.8	258	0.026356589								
9		8.16	283.7	0.028762778								
10		11.5	321.3	0.035792095								
11		12.7	335.4	0.037865236								
12		18.2	378.6	0.048071844								
13		29	434.6	0.066728026								
14		38.9	401.3	0.096934961								
15		57.3	429	0.133566434								
16												
17		q_∞ [mg g^{-1}]	K [L mg^{-1}]	傾き	切片							
18		454.5454545	0.234042553	0.0022	0.0094							

$$q_e = \frac{q_\infty KC}{1+KC}$$

$$\frac{C}{q_e} = \frac{1}{q_\infty K} + \frac{C}{q_\infty}$$

図 11-9 問題 11.1 の解答

⑱ ラングミュア式を線形化（直線の式への変換）した式として，一般には式(11.2)を用いるが，本問題では低濃度の DBS の実験データの誤差の影響を減らすために式(11.3)を用いた．式(11.2)の両辺に C を掛けることにより x 軸が C となるため，低濃度の実験データに誤差が大きくても，直線の式に影響を与えにくくなる．式(11.2)を用いて線形化した結果を図 11-10 に示す．式(11.2)による線形化では x 軸として C^{-1} を用いる．そのため，低濃度の結果が少し変化するだけで，直線の傾きが大幅に変化する．低濃度の点を除き，近似曲線を引くと，良好な直線関係が得られ，この傾きと切片から q_∞ と K を算出すると，本問題とほぼ同様の結果が得られた（線形化の手法が異なるため，傾きと切片から q_∞ と K を算出する方法が違う）．

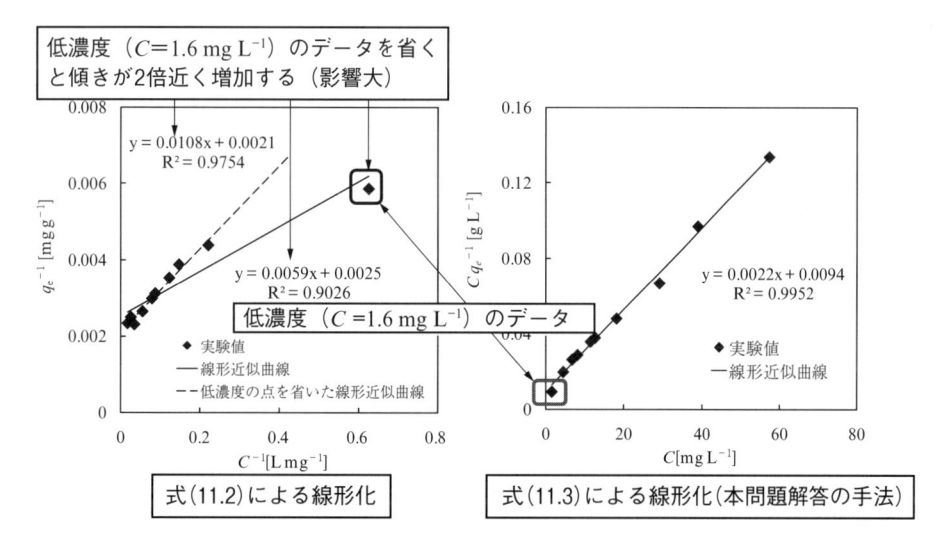

図 11-10 線形化方法の比較

11 吸着［ソルバー］

11.4 等温吸着線のパラメーター（ソルバーによる解法）

11.3 ラングミュア式では，等温吸着線を表す式中のパラメーターを式の線形化により決定した。ここでは，線形化をせずにより直接的な方法でパラメーターの決定を行う。

Excel には「ゴールシーク」のほかに「ソルバー」という収束計算ツールが備わっている。これらの違いは，「ゴールシーク」では「変化させるセル」として 1 つのセルしか選択できないため，変数が 2 つ以上ある収束計算ができないが，「ソルバー」では最大で 200 まで設定することができる。ほかにも，「ソルバー」では各変数についての制約条件を設定することができ，目的関数の目標値として数値だけでなく，最大値や最小値と指定することもできる。つまり，「ゴールシーク」を多機能にしたものが「ソルバー」である。この「ソルバー」を使うと，線形化のできない複雑な式に含まれるパラメーターも容易に決定することができる。

問題 11.2　等温吸着式のパラメーターの決定（ソルバーによる解法（誤差最小二乗法））

界面活性剤吸着処理の問題 11.1（p. 110）を Excel の機能の 1 つである「ソルバー」を使って解きなさい。

解　説

q_∞ と K に初期値を与えると，式(11.1)を用いて各平衡ドデシルベンゼンスルフォン酸ナトリウム濃度 C における平衡吸着量 q_e を計算することができる。平衡吸着量の実験値と計算値の誤差の 2 乗和が最も小さくなるような，q_∞ と K の値を「ソルバー」により求めることができる。「ソルバー」を用いれば，ラングミュア式を線形化しなくても，q_∞ と K の値を容易に求めることができる。

Excel による計算

① セル［B 15］とセル［C 15］に q_∞ と K の初期値を入力する。q_∞ は平衡吸着量 q_e の最大値であることから，q_∞ の初期値としてデータの最大値である「429」の数値を入力する。K の初期値には「1」の数値を入力する。

② セル［D 3-D 12］に式(11.1)を用いて各平衡ドデシルベンゼンスルフォン酸ナトリウム濃度 C における平衡吸着量 q_e を計算する。q_∞ と K の値はセル［B 15］とセル［C 15］に入力した値を参照する。このとき，q_∞ と K の値は各平衡ドデシルベンゼンスルフォン酸ナトリウム濃度 C における平衡吸着量 q_e を計算する場合も共通して同じ値を用いるので，「絶対参照」（第 3 章 pH の手順⑥）をしておく。

11.4 等温吸着線のパラメーター（ソルバーによる解法）—問題 11.2 等温吸着式のパラメーターの決定

セル[D3]に「＝＄B＄15＊＄C＄15＊B3/(1＋＄C＄15＊B3)」の数式を入力し，「オートフィル」によりセル[D3]に入力された数式をセル[D4−D12]に入力する。

③ セル[E3−E12]には実験データで得られたq_eと手順②によって計算されたq_eの誤差の2乗を入力する。セル[E3]に「＝(C3−D3)^2」の数式を入力し，「オートフィル」により，セル[E3]に入力された数式をセル[E4−E12]に入力する。

④ セル[E15]にセル[E3−E12]で計算した誤差の2乗の和を入力する。和を計算する場合，「Excel関数」である「SUM」を使うと便利である。セル[E15]に「＝SUM（E3：E12）」の数式を入力する（**図11-11** 参照）。

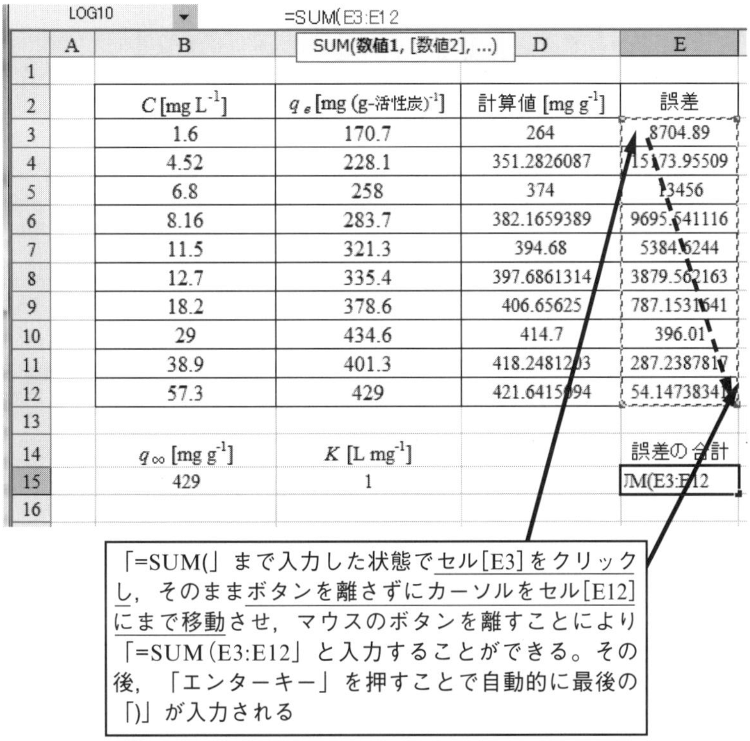

	A	B	C	D	E
1					
2		C [mg L^{-1}]	q_e [mg (g-活性炭)$^{-1}$]	計算値 [mg g^{-1}]	誤差
3		1.6	170.7	264	8704.89
4		4.52	228.1	351.2826087	15173.95509
5		6.8	258	374	13456
6		8.16	283.7	382.1659389	9695.641116
7		11.5	321.3	394.68	5384.6244
8		12.7	335.4	397.6861314	3879.562163
9		18.2	378.6	406.65625	787.1531641
10		29	434.6	414.7	396.01
11		38.9	401.3	418.2481203	287.2387817
12		57.3	429	421.6415094	54.14738341
13					
14		q_∞ [mg g^{-1}]	K [L mg^{-1}]		誤差の合計
15		429	1		SUM(E3:E12)
16					

「=SUM(」まで入力した状態でセル[E3]をクリックし，そのままボタンを離さずにカーソルをセル[E12]にまで移動させ，マウスのボタンを離すことにより「=SUM(E3:E12」と入力することができる。その後，「エンターキー」を押すことで自動的に最後の「)」が入力される

図 11-11 Excel 関数「SUM」の入力方法

⑤ 実験値と計算値の平衡ドデシルベンゼンスルフォン酸ナトリウム濃度Cと平衡吸着量q_eの関係のグラフを作成する。グラフ作成の詳細は第9章 ろ過の問題9.1を参照。

⑥ セル[B3−D12]までを選択した状態でメニューバーの「挿入」をクリックし，表示されたメニューの中から「グラフ」を選択する（**図11-12**）。

11 吸着 [ソルバー]

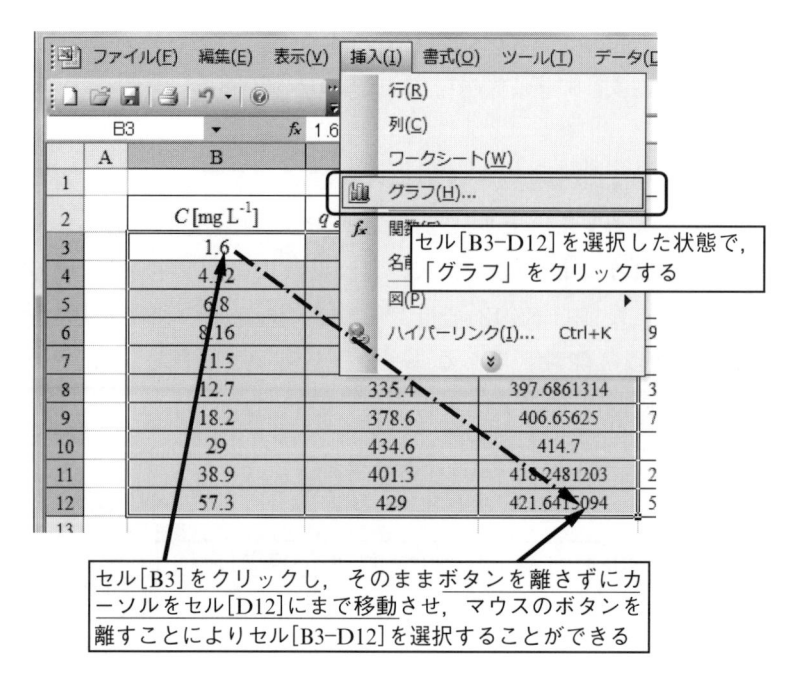

図11-12　グラフの挿入

⑦ 「グラフの種類」には「散布図」の「プロットが線で結ばれていない形式」を選択し，「完了」をクリックする。
⑧ 図11-13に示したように系列（データの異なるプロット）が2つあるグラフが表示される。

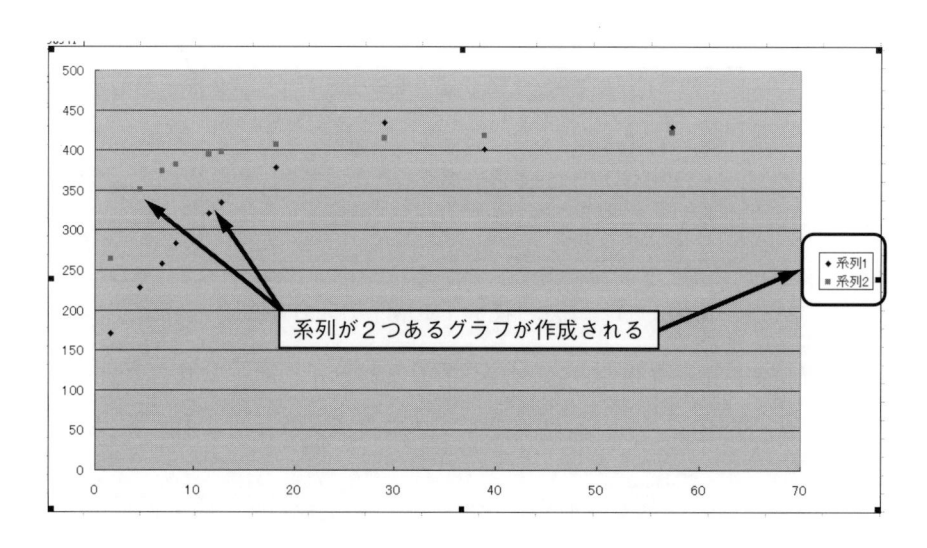

図11-13　系列が2つあるグラフ

⑨ 「計算値」の方の系列のプロットを「マーカー：■」ではなく線で表した方が

11.4 等温吸着線のパラメーター（ソルバーによる解法）―問題11.2 等温吸着式のパラメーターの決定

見やすいので，「データ系列の書式設定」を開き（第9章ろ過の問題9.1，手順⑳を参照），**図11-14**のように設定する。

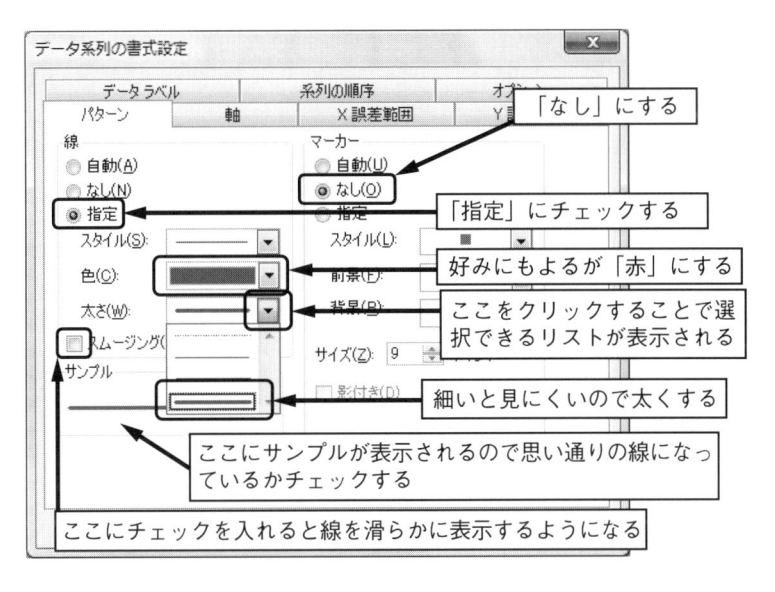

図11-14 データ系列のプロットの形の変更

⑲　いろいろな書式設定を変更し（第9章ろ過の問題9.1，手順⑬-㉙を参照），**図11-15**のようにグラフを調整する。図からわかるように，「計算値」の系列と「実験値」の系列が，q_eの計算値を求めるときに用いたq_∞とKの値が解ではない値であるため，大きくずれている（解であるq_∞とKの値を用いた場合には計算値は実験値に近い値となるため「計算値」の系列と「実験値」の系列の値はほぼ一致するはずである）。

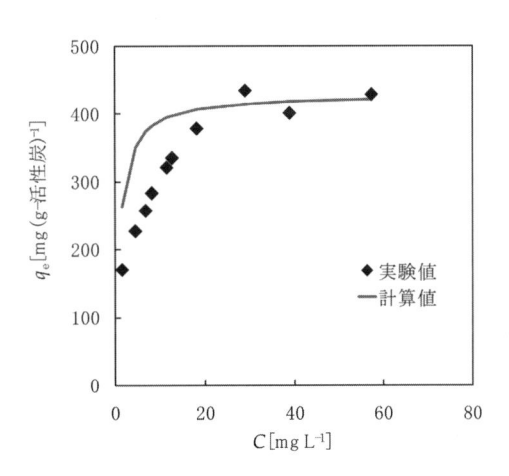

図11-15 グラフの例（ソルバーで解く前）

11 吸着［ソルバー］

⑪ q_∞とKの正しい値（解）を求めるために「ソルバー」を用いるが，「ソルバー」は通常のExcelの設定ではメニューに表示されないようになっている。「ソルバー」を使うためには，「ソルバー」の機能を「アドイン」する必要がある。

⑫ メニューバーの「ツール」をクリックし，表示されたメニューの「アドイン」をクリックする（図11-16）。

図11-16　アドイン

⑬ 図11-17の画面が表示されるので，「ソルバーアドイン」の部分にチェックを入れ，「OK」をクリックする。設定によっては「この機能は現在インストールされていません。インストールしますか？」というメッセージが表示されることがある。その場合は「はい」をクリックし，インストールすれば良い。また，Excelをインストールするときに使用したOfficeのCDを要求されることもあるが，その場合は要求されたCDをパソコンに挿入すれば良い。

図11-17　ソルバーアドイン

⑭ メニューバーの「ツール」のメニューに「ソルバー」が追加され，使える状態

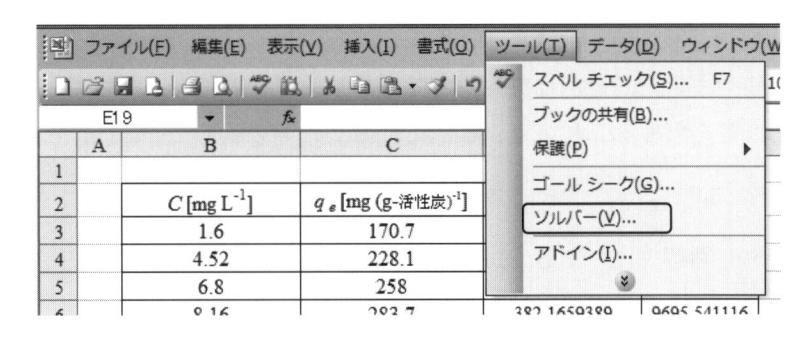

11.4 等温吸着線のパラメーター（ソルバーによる解法）—問題 11.2 等温吸着式のパラメーターの決定

となった（**図 11-18**）。

図 11-18 ソルバー

⑮ 図 11-18 のメニューの中の「ソルバー」をクリックすることで，**図 11-19** に示した画面が表示される。「目的セル」とは「ゴールシーク」でいうと「数式入力セル」のことで，値を変化させたい式が入力されているセルを選択する。「目的セル」には 1 つのセルしか選択できないので，値を変化させたい式が入力されているセルが複数個ある場合には，「制約条件」として追加する必要がある。「目標値」は，「目的セル」として選択した式の目標値を設定する。「ゴールシーク」では「値」しか選択できなかったが，「ソルバー」では「最大値」と「最小値」も選択できるようになったため，「目的セル」として選択した式の最大値や最小値

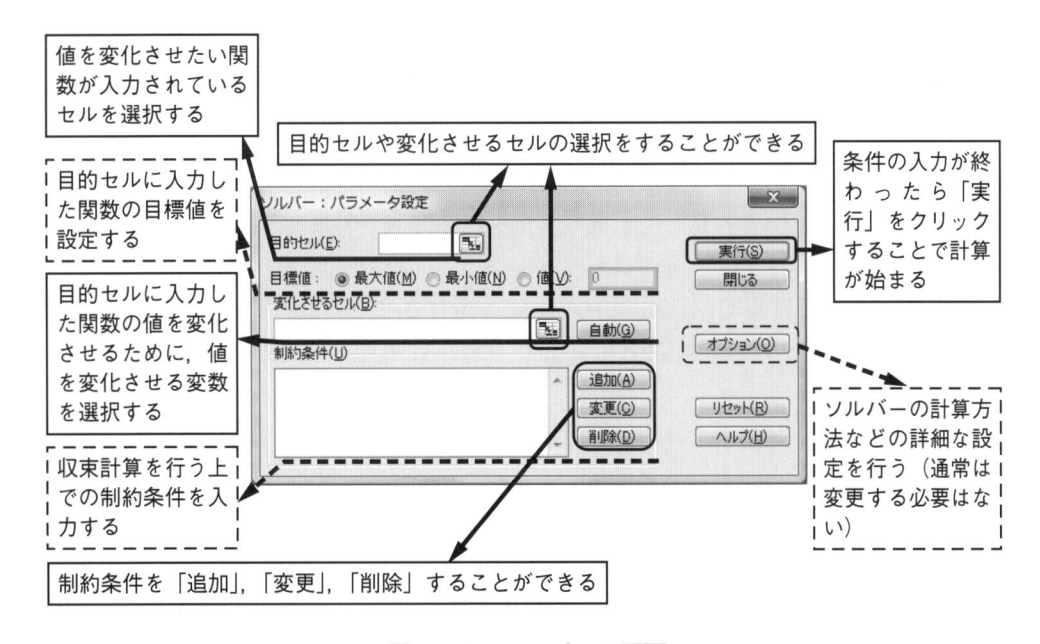

図 11-19 ソルバーの画面

を求めることができる。「変化させるセル」には、「目的セル」として選択した式の変数を選択する。「制約条件」には収束計算の制約条件を入力する。「オプション」を押すことで図11-20のような画面が表示され、「ソルバー」の計算方法などを変更できる。一般的な問題を解く場合には、「オプション」の設定を変更しなくても解を求めることができる。

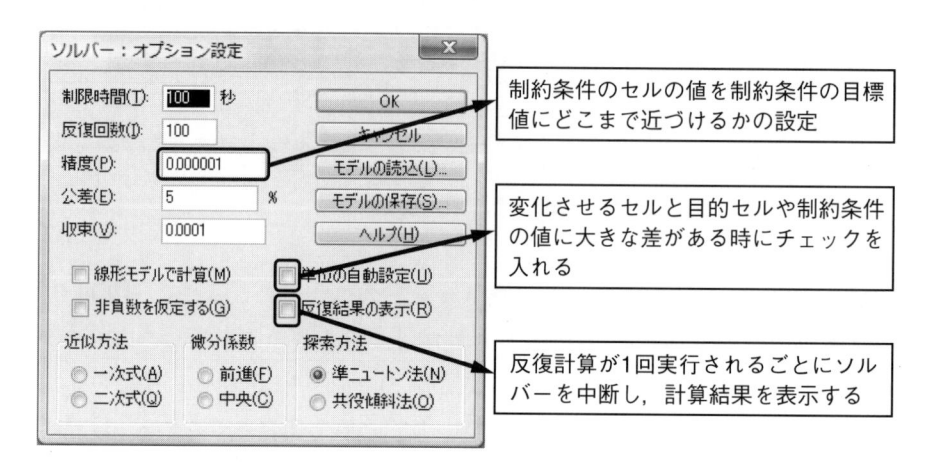

図11-20 ソルバーのオプション設定

⑯ 「ソルバー」を用いて、セル[E 15]に入力した誤差の2乗和を最小にするように、セル[B 15]とセル[C 15]に入力した$q_∞$とKの値を変化させ、$q_∞$とKの解を求める。

⑰ 「ソルバー」を起動し、次のように設定する。
 (ⅰ) 「目的セル」には、誤差の合計を最小にしたいので「誤差の合計」の式が入力されているセル[E 15]を選択する
 (ⅱ) 「目標値」には「目的セル」に入力されている式(誤差の合計)を最小にしたいため、「最小」を選択する(このような場合、誤差を「0」にすることはほとんど不可能である)。
 (ⅲ) 「変化させるセル」には、$q_∞$とKを変化させることにより「目的セル」に入力されている式(誤差の合計)を最小にしたいため、セル[B 15]とセル[C 15]を選択する。
　図11-21に「ソルバー」で解くための設定を示す。

11.4 等温吸着線のパラメーター（ソルバーによる解法）—問題 11.2 等温吸着式のパラメーターの決定

［図：ソルバーのパラメーター設定画面］

- 誤差の合計を最小にしたいので「目的セル」には「誤差の合計」の式が入力されているセル [E15] を選択する
- 「目的セル」に入力されている式（誤差の合計）を最小にしたいため、「目標値」には「最小値」を選択する
- q_∞ と K を変化させることにより「目的セル」に入力されている式（誤差の合計）を最小にしたいため、セル [B15] とセル [C15] を選択する
- 本問題では制約しなくてはならない条件はないので省略する

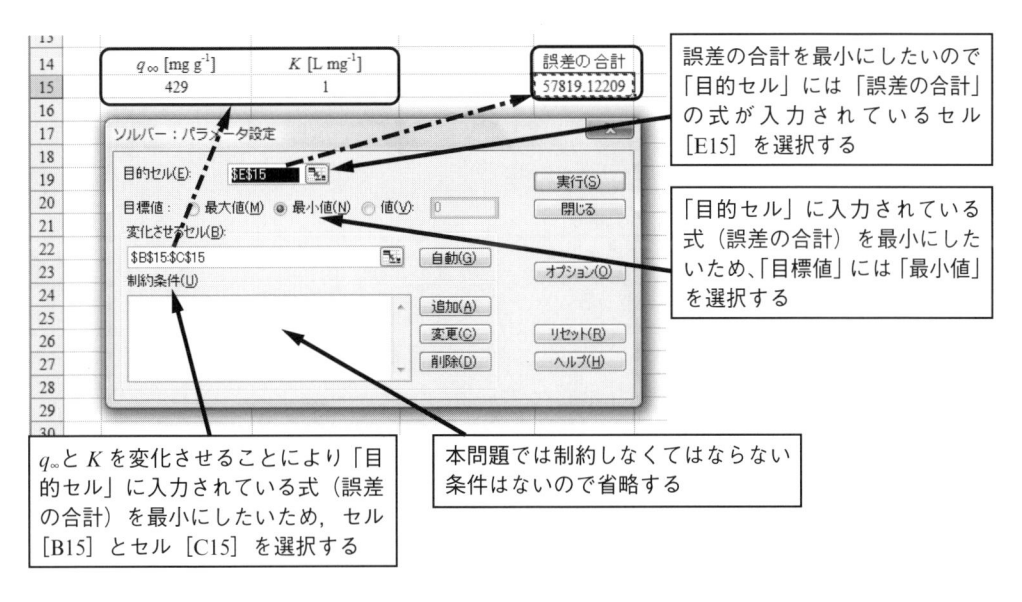

図 11-21　ソルバーのパラメーター設定

⑱　「ソルバー」の「実行」をクリックすると反復計算が行われ、図 11-22 に示す画面とともに解が表示される。

［図：ソルバー実行後の結果表］

	C [mg L^{-1}]	q_e [mg (g-活性炭)$^{-1}$]	計算値 [mg g^{-1}]	誤差
3	1.6	170.7	122.6384772	2309.909974
4	4.52	228.1	233.1851208	25.85845324
5	6.8	258	279.4671821	460.8399055
6	8.16	283.7	299.0805592	236.5616012
7	11.5	321.3	333.0205072	137.370288
8	12.7	335.4	341.9791841	43.28566375
9	18.2	378.6	370.8730802	59.70528979
10	29	434.6	399.9305506	1201.970721
11	38.9	401.3	413.8362968	157.1587374
12	57.3	429	427.8291438	1.37090414

q_∞ [mg g^{-1}]	K [L mg^{-1}]	誤差の合計
460.7666181	0.226686392	4634.031538

「変化させるセル」に解が表示されている

図 11-22　ソルバーの解

⑲　図 11-23 に問題 11.2 の解答を示す。図 11-15 では q_∞ と K の値が解ではなかったため「実験値」と「計算値」が一致しなかったが、「ソルバー」で解くことにより q_∞ と K の値が解になったため、図 11-23 では「実験値」と「計算値」が

11 吸着 [ソルバー]

ほぼ一致する。

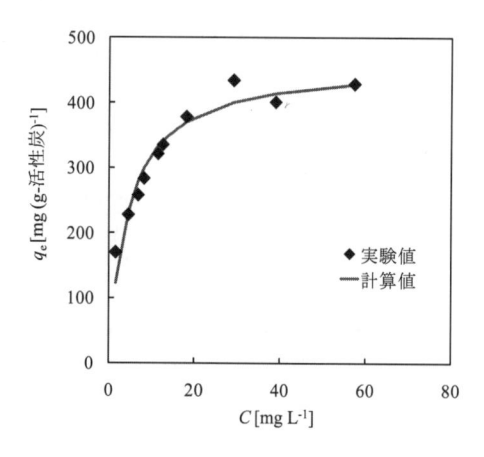

図 11-23　問題 11.2 の解答のグラフ

<参考文献>

1) 川瀬義矩,『環境問題を解く化学工学』, 化学工業社 (2001)
2) 日本ミリポア株式会社ラボラトリーウォーター事業部,『水は実験結果を左右する！ 超純水超入門　データでなっとく, 水の基本と使用のルール』, 羊土社 (2005)
3) 吉川英見, 川瀬義矩,『Excel で学ぶ化学工学』, 化学工業社 (2005)

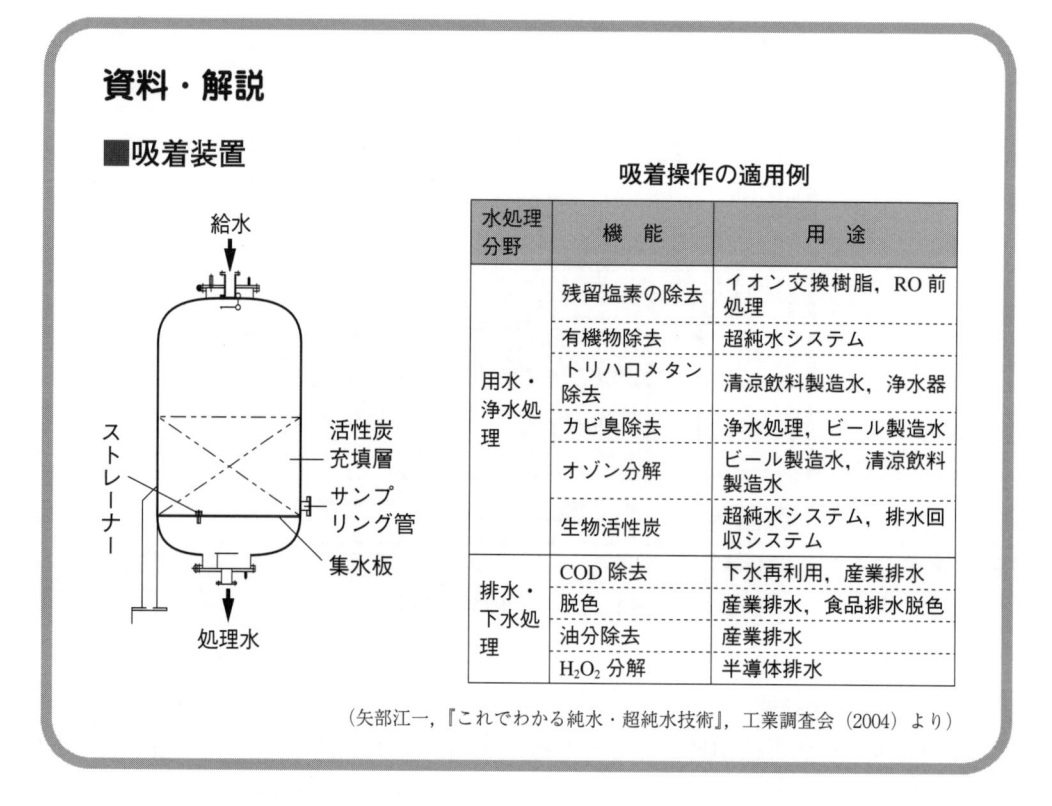

資料・解説

■吸着装置

吸着操作の適用例

水処理分野	機能	用途
用水・浄水処理	残留塩素の除去	イオン交換樹脂, RO 前処理
	有機物除去	超純水システム
	トリハロメタン除去	清涼飲料製造水, 浄水器
	カビ臭除去	浄水処理, ビール製造水
	オゾン分解	ビール製造水, 清涼飲料製造水
	生物活性炭	超純水システム, 排水回収システム
排水・下水処理	COD 除去	下水再利用, 産業排水
	脱色	産業排水, 食品排水脱色
	油分除去	産業排水
	H_2O_2 分解	半導体排水

(矢部江一,『これでわかる純水・超純水技術』, 工業調査会 (2004) より)

第12章

イオン交換 [数値積分]

12.1 イオン交換の原理

　イオン交換とは，イオン交換体が排水中などのイオンを含む溶液からイオンを取り込み，代わりの別のイオンを放出することで，排水中などのイオンを交換する操作である。例えば食塩水（Na^+とCl^-を含む水溶液）を，イオン交換体Rを用いてイオン交換する場合を考える。イオン交換体と食塩水を接触させると，式(12.1)のように陽イオン交換体（R-H）に保持されていた水素イオンとNa^+が交換される。

$$R-H+Na^+ \rightleftarrows R-Na+H^+ \tag{12.1}$$

　陰イオン交換体（R-OH）の場合は，式(12.2)のように水酸化物イオンとCl^-が交換される。

$$R-OH+Cl^- \rightleftarrows R-Cl+OH^- \tag{12.2}$$

　イオン交換のメカニズムを図12-1に示す。

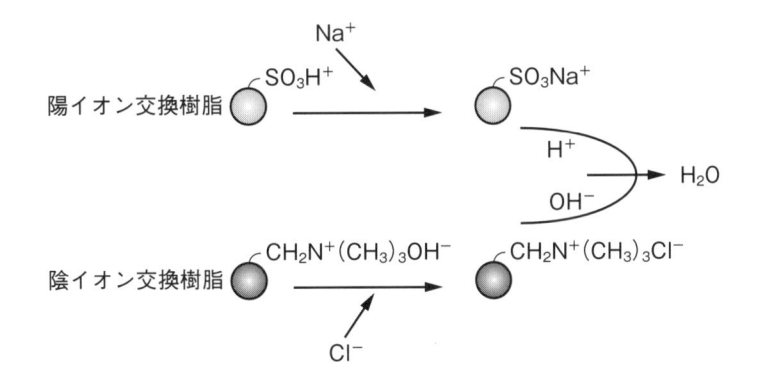

図12-1　イオン交換のメカニズム[1)]

12 イオン交換 ［数値積分］

イオン交換は一度交換したイオンであっても，それよりも強く交換するイオンがあれば再び交換する。この性質を利用し，イオンの吸着と脱着が行われる。

陽イオン交換体の再生には塩酸水溶液を使用し，式(12.3)のように再生する。

$$\text{R}-\text{Na}+\text{HCl} \Leftrightarrow \text{R}-\text{H}+\text{NaCl} \tag{12.3}$$

陰イオン交換体の再生には水酸化ナトリウム水溶液を使用して，式(12.4)のように再生する。

$$\text{R}-\text{Cl}+\text{NaOH} \Leftrightarrow \text{R}-\text{OH}+\text{NaCl} \tag{12.4}$$

12.2 イオン交換装置の設計

問題 12.1　イオン交換装置の設計[2]（Cdイオンの除去）

20 meq L^{-1}（mは接頭語のミリを表し，eqは当量を示す）のCd^{2+}を含む排水を，連続樹脂抜出し式のイオン交換装置（図12-2）を用いて，99% 除去したい（除去率 $R=0.99$）。排水の流量 Q を 37,850 L h^{-1}，再生処理後イオン交換装置に供給されるイオン交換樹脂のCd^{2+}の吸着量 $q_{e,\text{in}}$ を 0.3 meq g^{-1}，排水入口Cd^{2+}濃度 C_{in} 20 meq L^{-1} のCd^{2+}と平衡なイオン交換樹脂のCd^{2+}の吸着量 $q_{e,\text{out}}$ を 4.9 meq g^{-1} としたとき，最小イオン交換樹脂供給量 $Q_{ie,\text{min}}$ を求めなさい。また，安全係数 F を 0.2 としたときの，リアクター出口のイオン交換樹脂の吸着量 $q_{e,\text{out act}}$ [meq g^{-1}] と，必要なイオン交換樹脂量 m [g] を求めなさい。

図中:
- 排水出口 Cd^{2+}除去率 $R=0.99$
- イオン交換樹脂入口 吸着量 $q_{e,\text{in}}=0.3$ meq g^{-1}
- 連続樹脂抜出し式イオン交換装置
- 排水入口 流量 $Q=37{,}850$ L h^{-1} Cd^{2+}濃度 $C_{\text{in}}=20$ meq L^{-1}
- イオン交換樹脂出口 $q_{e,\text{out}}=4.9$ meq g^{-1} at $Q_{ie,\text{min}}$

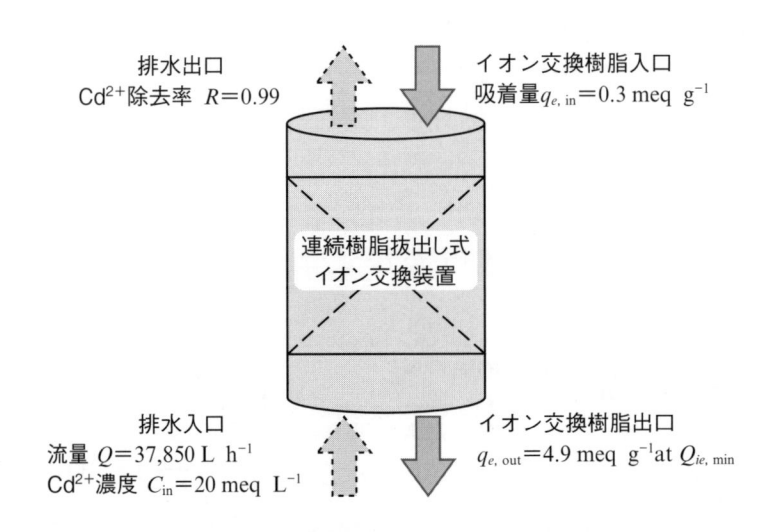

図12-2　連続樹脂抜出し式イオン交換装置

排水中のCd^{2+}濃度のイオン交換樹脂量当たりの除去量（濃度 C は減少する）は式(12.5)で表される[2]。

$$Q\frac{dC}{dm} = -\frac{Ka}{\rho_s \rho_l}(C-C_e) \tag{12.5}$$

Ka は総括物質移動係数であり，ρ_s と ρ_l はそれぞれイオン交換樹脂と排水の密度であり，C_e は平衡 Cd^{2+} 濃度を表す。式(12.5)を積分すると式(12.6)が得られる。

$$m = -\frac{\rho_s \rho_l Q}{Ka}\int_{C_{in}}^{C_{out}}\frac{dC}{(C-C_e)} = \frac{\rho_s \rho_l Q}{Ka}\int_{C_{out}}^{C_{in}}\frac{dC}{(C-C_e)} \tag{12.6}$$

式(12.6)により必要なイオン交換樹脂量 m を求めることができる。

$Ka/(\rho_s \rho_l)$ は $2.0\,\text{L h}^{-1}\,\text{g}^{-1}$ とし，実際の操作で使うイオン交換樹脂の C と C_e の関係のデータを表12-1に示す。

表12-1 実験データ

C [meq L^{-1}]	C_e [meq L^{-1}]
1	0.02
2	0.05
8	0.25
20	2.4

解説

排水出口 Cd^{2+} 濃度 C_{out} は，除去率 R が0.99であることから，

$$C_{out} = C_{in} \times (1-R) = 20 \times (1-0.99) = 0.20\,\text{meq L}^{-1} \tag{12.7}$$

除去速度 r は，次式で求めることができる。

$$r = Q\Delta C = Q(C_{in}-C_{out}) = 37,850 \times (20-0.20) = 749,430\,\text{meq h}^{-1} \tag{12.8}$$

最小イオン交換樹脂供給量 $Q_{ie,min}$ は，次式で計算することができる。

$$Q_{ie,min} = r/(q_{e,out}-q_{e,in}) = 749,430/(4.9-0.3) = 162,920\,\text{g h}^{-1} \tag{12.9}$$

安全係数 F を使って，最小イオン交換樹脂供給量 $Q_{ie,min}$ から実際のイオン交換樹脂供給量 Q_{ie} を求める。

$$Q_{ie} = Q_{ie,min} \times (1+F) = 162,920 \times (1+0.2) = 195,503\,\text{g h}^{-1} \tag{12.10}$$

式(12.9)に式(12.10)で算出した実際のイオン交換樹脂供給量の値を代入することにより，実際のリアクター出口イオン交換樹脂の吸着量 $q_{e,out\,act}$ を求める。

$$q_{e,out\,act} = r/Q_{ie} + q_{e,in} = 749,430/195,503 + 0.3 = 4.1\,\text{meq g}^{-1} \tag{12.11}$$

式(12.6)の右辺の積分は，数値積分法の1つであるシンプソン則により数値的に行う。シンプソン則は，積分したい関数の3点間を2次式で近似するため，台形公式より精度よく積分値を求められる。図12-3にシンプソン則の原理図を示す。

12 イオン交換［数値積分］

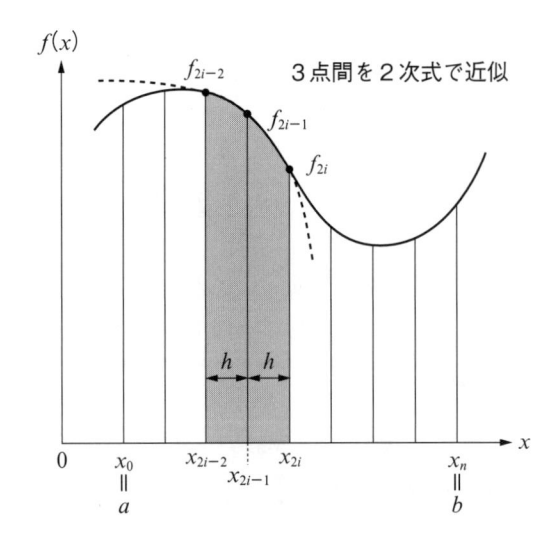

図12-3　シンプソン則（数値積分）の原理[3]

シンプソン則では，関数の積分範囲（x_0 から x_n まで）を偶数個に分割し（分割数 n），それぞれの x での関数の値（$f(x)$）を求める。$f(x_0)$（積分下限）と $f(x_n)$（積分上限）を除き，残りの関数の値は，偶数番目の関数の値の和（$f(x_2)+f(x_4)+f(x_6)+\cdots$）と，奇数番目の関数の値の和（$f(x_1)+f(x_3)+f(x_5)+\cdots$）に分け，最終的に式 (12.12) のように足し合わせることにより積分値 S を得る。

$$S = \frac{h}{3}\left[\begin{array}{l} f(x_0)+f(x_n)+4\{f(x_1)+f(x_3)+\cdots+f(x_{n-1})\} \\ +2\{f(x_2)+f(x_4)+\cdots+f(x_{n-2})\} \end{array}\right] \quad (12.12)$$

ここで，h は積分範囲の刻み間隔であり，次式で求められる。

$$h = (x_n - x_0)/n \quad (12.13)$$

Excel を用いて $\int_{C_{\text{out}}}^{C_{\text{in}}} \frac{dC}{(C-C_e)}$ を数値積分すると，「4.81」という結果を得られる（「Excel による計算」において Excel シートによる数値積分のやり方を説明する）。この値を用いると，必要なイオン交換樹脂量は次式で求められる。

$$m = \frac{\rho_s \rho_l Q}{K}\alpha \int_{C_{\text{out}}}^{C_{\text{in}}} \frac{dC}{(C-C_e)} = \frac{37{,}850}{2.0} \times 4.81 = 91{,}033 \text{ g} \quad (12.14)$$

> **Excel による計算**

① セル［C 10］に出口 Cd^{2+} 濃度を求めるための式(12.7)「＝C 2*(1－C 3)」を入力する。

② セル［C 11］に除去速度を求めるための式(12.8)「＝C 4*(C 2－C 10)」の数式を入力する。

12.2 イオン交換装置の設計—問題 12.1 イオン交換装置の設計

③ セル[C 12]に最小イオン交換樹脂供給量を求めるための式(12.9)「＝C 11/(C 6 −C 5)」を入力する。

④ セル[C 13]に実際のイオン交換樹脂供給量を求めるための式(12.10)「＝C 12*(1+C 7)」を入力する。

⑤ セル[C 14]に実際のリアクター出口イオン交換樹脂の吸着量を求めるための式(12.11)「＝C 11/C 13+C 5」を入力する。

⑥ セル[E 3−F 6]に入力されている表 12-1 の実験データから，セル[G 3−G 6]に各 C における $(C-C_e)^{-1}$ の値を計算する。セル[G 3]に「＝1/(E 3−F 3)」の数式を入力し，セル[G 4−G 6]に「オートフィル」により数式を入力する。

⑦ x 軸に C，y 軸に $(C-C_e)^{-1}$ のグラフ（散布図）を作成する（第 9 章ろ過の問題 9.1，手順⑬−㉙を参照）。

⑧ グラフのプロットに近似曲線（累乗近似）を追加し（「近似曲線の追加」），近似式を表示させる。完成したグラフを**図 12-4** に示す（第 9 章ろ過の問題 9.1，手順㉛−㉞を参照）。

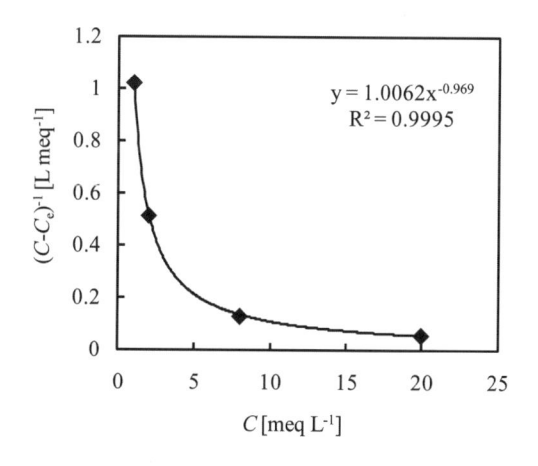

図 12-4 実験データのグラフ（表 12-1 の実験データから作成）

⑨ シンプソン則による数値計算により，式(12.6)の右辺の積分を行う。ここでは，分割数として「50」を用いる。セル[J 3]に「50」を入力する。

⑩ セル[J 4]に積分範囲の上限「20」を入力する。

⑪ セル[J 5]に積分範囲の下限「0.2」を入力する。

⑫ セル[J 6]に刻み間隔を求めるための式(12.13)「＝(J 4−J 5)/J 3」を入力する。

⑬ セル[L 4−L 54]に分割番号「0 から 50」を入力する。セル[L 4]に「0」，セル[L 5]に「1」の数値を入力し，セル[L 4]とセル[L 5]を選択した状態で「オートフィル」することにより，分割番号を簡単に入力できる。

⑭　セル[M4]に積分下限である「0.2」の数値を入力する。

⑮　セル[M5-M54]に各分割番号におけるCの値を入力する。セル[M5]に数式「=M4+J6」を入力し，セル[M6-M54]に「オートフィル」することにより簡単に入力できる。

⑯　手順⑧で求めた近似式より，各Cにおける$(C-C_e)^{-1}$の値を求め，セル[N4-N54]に入力する。セル[N4]に数式「=1.0062*M4^-0.969」(図12-4)を入力し，「オートフィル」することにより簡単に入力できる。

⑰　シンプソン則では，分割番号が奇数と偶数では和の扱い方が違う（分割番号が奇数の関数の値には4倍し，偶数には2倍する）ため，セル[N4-N54]に入力した関数の値を，奇数番目と偶数番目に分ける。このとき，割り算の余りを求める「Excel関数」である「MOD」を使うと簡単に分けることができる。分割番号を「2」の数値で割り，その余りが「1」ならば奇数であり，「0」ならば偶数である。「MOD」の使い方は，「=MOD(分割数,2)」と入力し，この場合は，分割数を「2」で割った余りを表示する。

⑱　セル[O4]に数式「=IF(MOD(L4,2)=0,N4,0)」を入力し，セル[O5-O54]に「オートフィル」を用いて入力する。「IF」は判定を行う「Excel関数」であり，この場合は，「=MOD(L4,2)」の値が「0」ならば，セル[N4]に入力された値を表示し，「0」でなければ「0」を表示しなさい，という意味になる。そのため，セル[O4-O54]には，偶数番目の関数の値のみを表示し，奇数番目の値は「0」と表示される。

⑲　セル[P4]に数式「=IF(MOD(L4,2)=0,0,N4)」を入力し，セル[P5-P54]に「オートフィル」を用いて入力する。これにより，セル[P4-P54]には，奇数番目の関数の値のみを表示し，偶数番目の値は「0」と表示される。入力する数式は「=IF(MOD(L4,2)=1,N4,0)」でも良い。

⑳　セル[O55]に，偶数番目の関数の値の和を求めるための式「=SUM(O5：O53)」を入力する。ただし，積分上限と下限の数値は除くので，間違わないように注意する。

㉑　セル[P55]に奇数番目の関数の値の和を求めるための式「=SUM(P5：P53)」を入力する。

㉒　図12-5に手順⑰-㉑のまとめを示す。

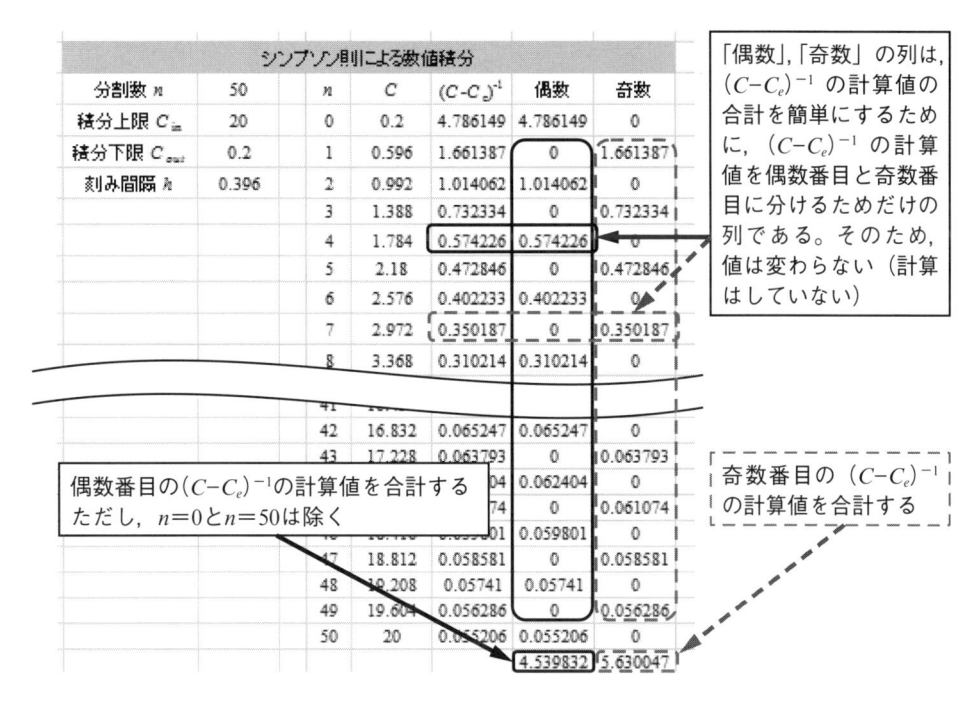

12.2 イオン交換装置の設計—問題12.1 イオン交換装置の設計

図12-5 シンプソン則の計算法1

㉓ セル［C 15］に積分値を求めるための式(12.12)「＝(O 4＋O 54＋2*O 55＋4*P 55)*J 6/3」を入力する（**図12-6**）。

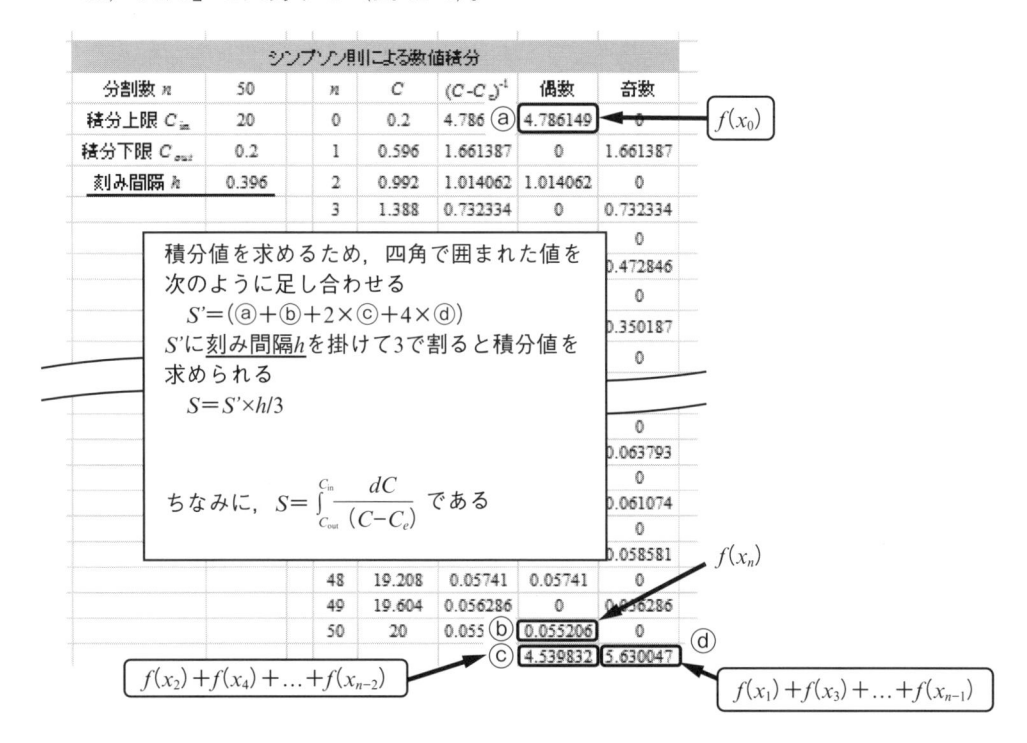

図12-6 シンプソン則の計算法2

㉔ セル[C 16]に必要なイオン交換樹脂量を求めるための式(12.14)「＝C 4/C 8*C 15」を入力する。
㉕ 図12-7に問題の解答を示す。

<参考文献>

1) 日本ミリポア株式会社ラボラトリーウォーター事業部，『水は実験結果を左右する！ 超純水超入門　データでなっとく，水の基本と使用のルール』，羊土社（2005）
2) T. F. Yen, "Chemical Processes for Environmental Engineering", Imperial College Press（2007）
3) 吉川英見，川瀬義矩，『Excelで学ぶ化学工学』，化学工業社（2005）

資料・解説

■イオン交換樹脂

　イオン交換樹脂は，母体が持っているイオンではなく，交換されるイオンによって陽イオン交換樹脂，陰イオン交換樹脂に分類される。陽イオン交換樹脂はNaやCa，Mgなどの陽イオンを交換し，陰イオン交換樹脂は，ClやSO$_4$などの陰イオンを交換する。また，その解離性により強酸・弱酸，強塩基・弱塩基に分けられる。イオン交換樹脂は，主に直径1mm弱の粒状で供給・利用されるが，その他にも繊維状や液状の製品もあり，膜状のものはイオン交換膜と呼ばれる。

　スチレン，ジビニルベンゼンなどを材料とし，それらを水中で懸濁重合することで不溶性の多孔性の3次元構造の粒状ポリマーを作り，そのポリマーにスルホン酸や4級アンモニウム塩などを官能基として導入することで，イオン交換樹脂を作る。単純に重合した見た目が透明なゲル型，このゲル型に物理的に穴（マクロポアー）を開けた多孔性のポーラス型，より小さな穴をたくさんあけた高多孔性のハイポーラス型がある。

　イオン交換樹脂の種類と官能基は下の表に示す。

種類		官能基	種類		官能基
陽イオン交換樹脂	強酸性	—SO$_3$	陰イオン交換樹脂	強塩基性 I型	—N(CH$_3$)$_3$Cl
				強塩基性 II型	—N$\diagup^{(CH_3)_2Cl}_{CH_2OH}$
	弱酸性	—COOH		弱塩基性	—NH$_2$，—N(CH$_3$)$_2$
					—N(CH$_3$)$_2$

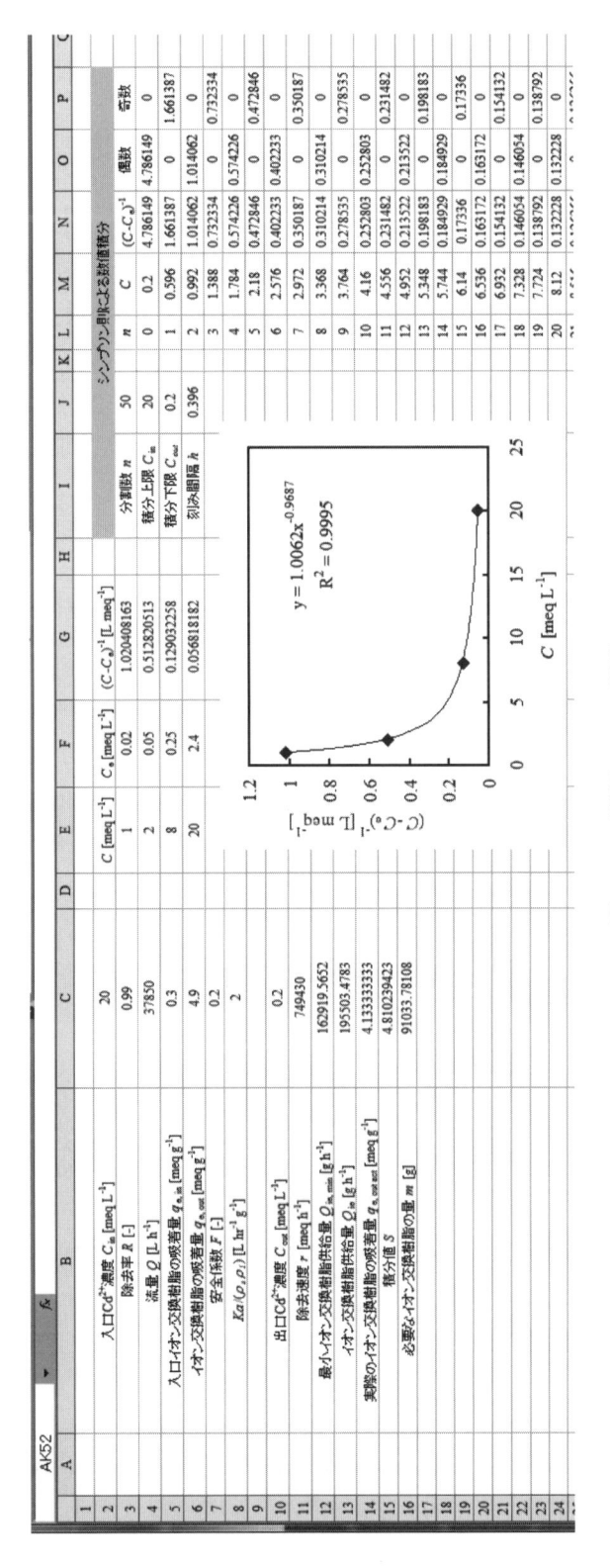

12.2 イオン交換装置の設計―問題12.1 イオン交換装置の設計

	B	C	D	E	F	G	H	I	J	K	L	M	N	O	P
1				C [meq L^{-1}]	C_e [meq L^{-1}]	$(C-C_e)^{-1}$ [L meq^{-1}]					シンプソン則による数値積分				
2	入口Cd^{2+}濃度 C_{in} [meq L^{-1}]	20		1	0.02	1.020408163		分割数 n	50		n	C	$(C-C_e)^{-1}$	偶数	奇数
3	除去率 R [-]	0.99		2	0.05	0.512820513		積分上限 C_{in}	20		0	0.2	4.786149	4.786149	0
4	流量 Q [L h^{-1}]	37850		8	0.25	0.129032258		積分下限 C_{out}	0.2		1	0.596	1.661387	0	1.661387
5	入口イオン交換樹脂の吸着量 $q_{s,in}$ [meq g^{-1}]	0.3		20	2.4	0.056818182		刻み間隔 h	0.396		2	0.992	1.014062	1.014062	0
6	イオン交換樹脂の吸着量 $q_{s,out}$ [meq g^{-1}]	4.9									3	1.388	0.732334	0	0.732334
7	安全係数 F [-]	0.2									4	1.784	0.574226	0.574226	0
8	$K\alpha(\rho_s\rho_t)$ [L h^{-1} g^{-1}]	2									5	2.18	0.472846	0	0.472846
9											6	2.576	0.402233	0.402233	0
10	出口Cd^{2+}濃度 C_{out} [meq L^{-1}]	0.2									7	2.972	0.350187	0	0.350187
11	除去速度 r [meq L^{-1}]	749430									8	3.368	0.310214	0.310214	0
12	最小イオン交換樹脂供給量 Q_s [g h^{-1}]	162919.5652									9	3.764	0.278535	0	0.278535
13	イオン交換樹脂供給量 Q_s [g h^{-1}]	195503.4783									10	4.16	0.252803	0.252803	0
14	最小のイオン交換樹脂の吸着量 $q_{s,out}$ [meq g^{-1}]	4.133333333									11	4.556	0.231482	0	0.231482
15	実際のイオン交換樹脂の吸着量 $q_{s,out,real}$ [meq g^{-1}]	4.810239423									12	4.952	0.213522	0.213522	0
16	積分値 S										13	5.348	0.198183	0	0.198183
17	必要なイオン交換樹脂の量 m [g]	91033.78108									14	5.744	0.184929	0.184929	0
18											15	6.14	0.17336	0	0.17336
19											16	6.536	0.163172	0.163172	0
20											17	6.932	0.154132	0	0.154132
21											18	7.328	0.146054	0.146054	0
22											19	7.724	0.138792	0	0.138792
23											20	8.12	0.132228	0.132228	0

図12-7 問題12.1の解答

12 イオン交換 ［数値積分］

資料・解説

■イオン交換の操作と装置

イオン交換操作は，脱イオン，逆洗浄（樹脂層高さが50～70％増えるような流速で脱イオンと逆方向に水を流し，沈着物や異物を排出する），再生（再生剤を装置の上部から下部にゆっくり流す），押出（樹脂量の約2倍の水量を，再生と同じ流速で未反応の再生剤を押し出す），水洗（脱イオンとほぼ同じ流速で再生剤を洗浄する）の繰り返しである。

イオン交換塔には，陽イオン交換樹脂と陰イオン交換樹脂を別々に充填する単床塔方式と両方のイオン交換樹脂を混合して充填する混床塔方式がある。

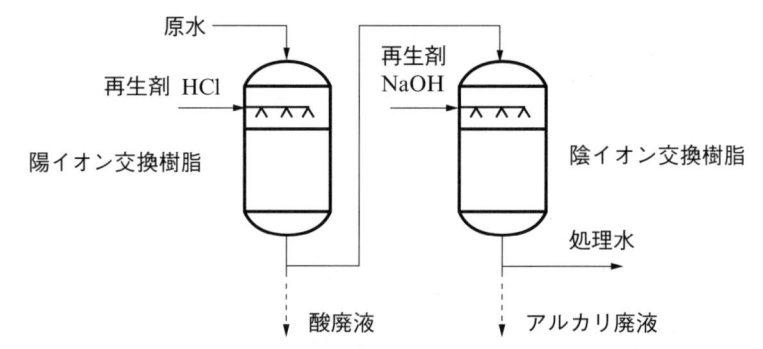

2床2塔式（強酸性陽イオン交換樹脂塔と強塩基性陰イオン交換樹脂塔を直列に接続）

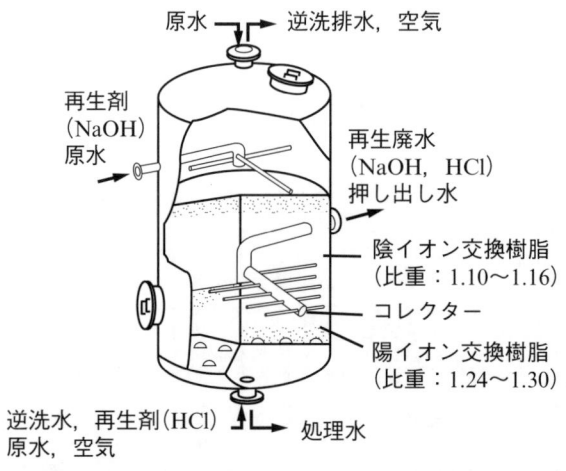

混床式（カチオン樹脂とアニオン樹脂を混合して充填した床。逆洗と同時に陽イオン交換樹脂と陰イオン交換樹脂の分離が行われる）

（和田洋六，『実務に役立つ水処理の要点』，工業調査会（2008））

第13章

膜分離

13.1 膜分離の原理

　膜分離は，分離機能をもつ膜を利用して物質を分離する技術の1つである。種々の孔径の異なる膜を利用することにより，分子レベルから粒子レベルの大きさまで幅広い物質分離が可能である（**図13-1**）。近年，性能が良く様々な用途に適した膜が開発され，有機，無機を問わずほとんどの物質を高効率で分離することが可能になり膜分離法への注目が高まっている。実際の分離膜の例を**図13-2**に示す。

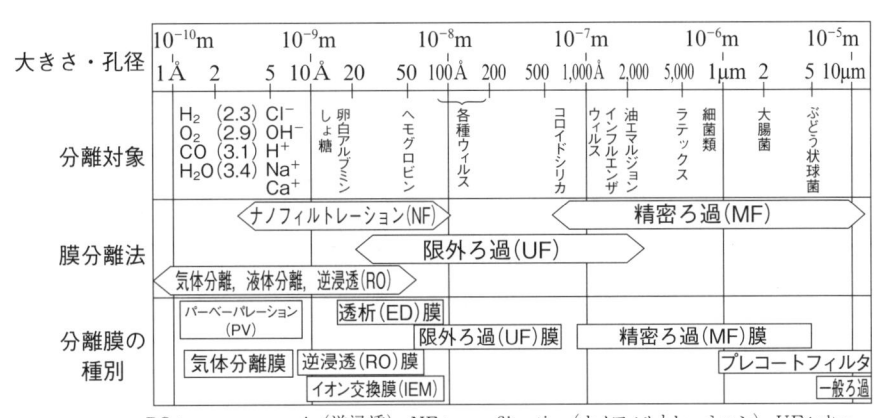

RO：reverse osmosis（逆浸透），NF：nano filtration（ナノフィルトレーション），UF：ultra filtration（限外ろ過），MF：micro filtration（精密ろ過），PV：pervaporation（浸透気化），ED：electric dialysis（電気透析），IEM：ion exchange membrane（イオン交換膜）

図13-1　分離膜の種類[1]

13 膜分離

　膜分離法は，分子レベルの大きさの差などを利用して分離するため，蒸留のような熱エネルギーを使う方法に比べ，省エネルギー，省スペースである。膜分離法に用いられる物質移動の推進力を**表 13-1** に示す。膜分離法ではさまざまな推進力を用いて分離操作を行っている。

　膜分離法は，様々な孔径の分離膜により，さまざまな推進力で物質を分離するため，広い分野で用いられている。**表 13-2** に水処理技術関連での分離膜の用途と素材を示す。**図 13-3** に各分離膜の分離メカニズムの模式図を示す。

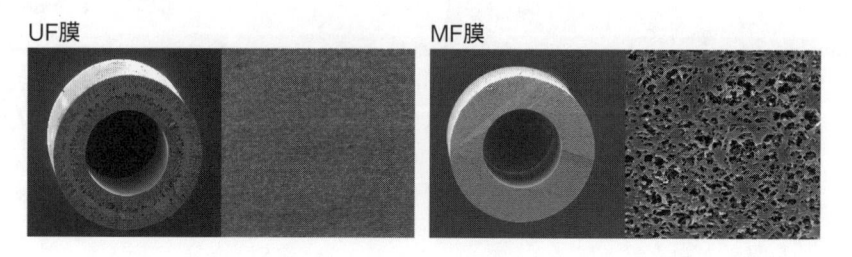

図 13-2　分離膜[2]

表 13-1　膜分離操作における物質移動の推進力[3]

推進力	エネルギー	透析	中間	浸透
圧力差（遠心力）	力学的	圧透析	圧浸透（逆浸透・限外ろ過・精密ろ過）	
			ガス拡散	ガス浸透
温度差	熱	熱透析 透析気化		熱浸透 パーベーパレーション
電位差	電気	電気透析		電気浸透
濃度差	化学的	透析 ガス透析		浸透
化学結合	化学的	化学透析		化学浸透

浸透：膜を透過する主な物質が溶媒，透析：膜を透過する主な物質が溶質

表 13-2　水処理技術関連での分離膜の用途と素材

分離膜の種類	水処理用途	膜の原料・素材
精密ろ過膜（MF 膜）	微生物の除去，膜式活性汚泥法，タンパク質の除去，酵素の除去，微粒子除去	酢酸セルロース，ポリエチレン，ポリプロピレン，ポリカーボネート，テフロンなど
限外ろ過膜（UF 膜）	高分子溶液の分離，細菌やウィルス除去，超純水製造	酢酸セルロース，ポリアクリロニトリル，ポリフッ化ビニリデン，ポリスルホンなど
ナノろ過膜（NF 膜） 逆浸透膜（RO 膜）	海水の淡水化，超純水製造	酢酸セルロース，芳香族ポリアミドなど
イオン交換膜	酸，アルカリ，塩などの回収，脱塩，イオン分離	スチレン，ジビニルベンゼンなど

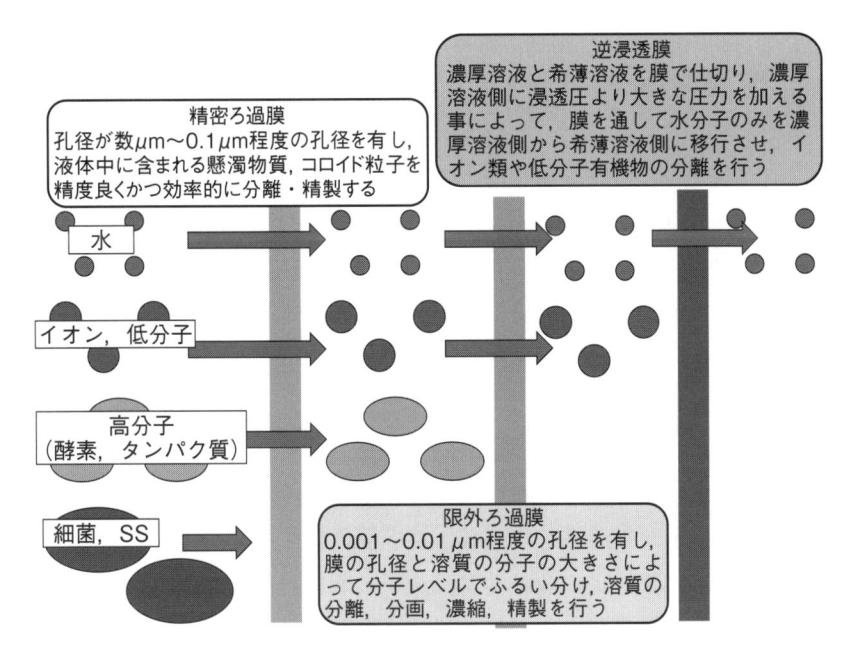

図13-3 膜分離のメカニズム

13.2 膜分離性能

膜分離性能の評価は透過速度，阻止率などを用いて行われる。

成分iの透過流束（単位時間における単位膜面積当たりの移動量）N_i は次式で表される。

$$N_i = (移動係数) \times (推進力) = (P/\delta)(\Delta p_i) \tag{13.1}$$

P はi成分の移動係数で膜透過係数と呼ばれる。(P/δ) も透過係数と呼ばれることが多い。透過係数の大小により，膜の透過性能を評価することができる。膜透過係数が分かれば，ある圧力差においてその膜を利用した際の透過流量を求めることができる。膜透過係数は膜分離において非常に重要なパラメーターである。

阻止率 R は，供給流体中に含まれる被分離成分の膜による阻止（保持）性能を示し，供給側と透過側の着目成分の濃度 C_F と C_P を用いて，

$$R = 1 - \frac{C_P}{C_F} \tag{13.2}$$

と定義される。この定義では，膜表面での濃度分布を考慮していないので，見かけの阻止率である。

13.3 逆浸透膜

逆浸透膜は，水中の無機物，有機物，微粒子，微生物などの幅広い種類の不純物に対して，90〜99％と非常に精度よく分離することができる。ほかの分離方法では除去しにくい水中の有機物やサブミクロンオーダーの微粒子，微生物，イオンも効果的に除去することが可能である。この性能を利用し，海水の淡水化などにも応用されている。

逆浸透膜を用いた膜分離操作の原理を図13-4 に示す。海水の淡水化を例にして説明する。水は透過させるが，水に溶けている溶質（イオンなど）はほとんど透過させない性質をもつ半透膜を隔てて，希薄溶液（真水）と濃厚溶液（海水）とが接触するとき，希薄溶液側の水が半透膜を透過し，濃厚溶液側へ移動して希釈しようとする。この現象を浸透作用と呼び，水の移動は浸透圧と液面差の圧力が平衡になるまで続く。浸透圧より高い圧力を濃厚溶液側に加えると，濃厚溶液側から希釈溶液側に水だけが透過する。この現象を逆浸透という。

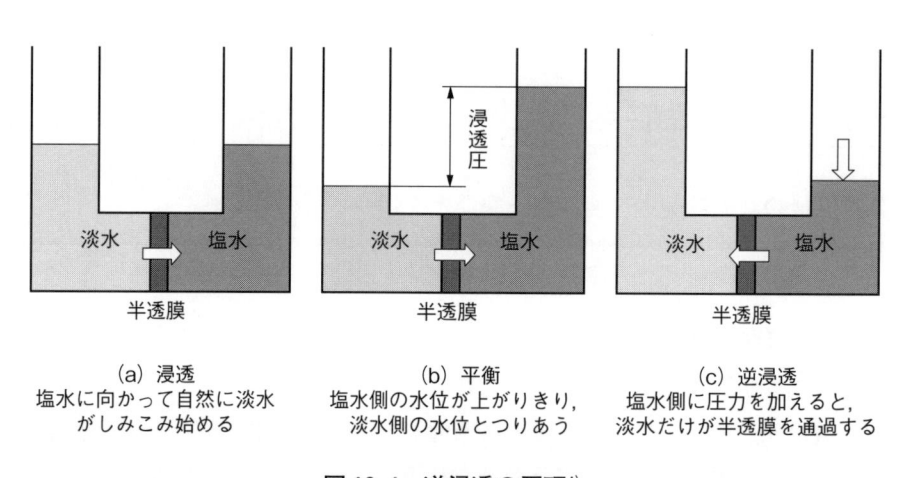

（a）浸透
塩水に向かって自然に淡水がしみこみ始める

（b）平衡
塩水側の水位が上がりきり，淡水側の水位とつりあう

（c）逆浸透
塩水側に圧力を加えると，淡水だけが半透膜を通過する

図13-4　逆浸透の原理[4]

13.4 海水淡水化逆浸透膜モジュール

世界的な人口の増加に伴い水の需要が増加しているため，近い将来深刻な水不足になると予想されている。それゆえ，海水の淡水化のニーズは非常に高まっている。海水の淡水化技術として「蒸発法」や「多段フラッシュ蒸発法」などがあるが，逆浸透膜法が省エネルギーであることから注目されている。

「海水淡水化逆浸透膜モジュール」を用いた海水淡水化施設が建設されている（図

13.4 海水淡水化逆浸透膜モジュール

13-5)。多数の「海水淡水化逆浸透膜モジュール」で構成されている海水淡水化ユニットの写真を**図13-6**に示す。「海水淡水化逆浸透膜モジュール」のメリットは以下の通りである。

1) 無尽蔵にある海水から、季節や気象条件に左右されることなく水の確保ができる。
2) 施設建設は、プラント設備が主体となるためダムの建設に比べて工期が短い。
3) プラントがコンパクトである。
4) 消費地の近くに設置できるため、導送水施設の距離が短い。

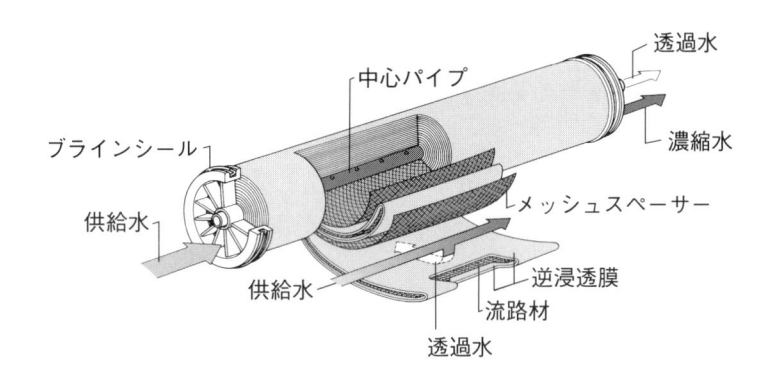

図13-5　海水淡水化逆浸透膜モジュール[5]

図13-6　海水淡水化ユニット[5]

13 膜分離

ちなみに，図13-6の写真の海水淡水化施設の日平均生産量は10,300 m³ day⁻¹であり，造水コストは282円 m⁻³である。

13.5 膜分離法の問題点

膜分離法では膜を使用するにつれ膜表面に汚れ（スケール）が溜まり，透過流速を低下させてしまう。これをファウリングと呼ぶ。排水処理の分野では，処理水の量が多いためファウリングが起きやすい。低ファウリングの膜も開発はされているが，まだまだ課題が多い。

ファウリングを操作方法の改善により防止した例として深層水の濃縮と脱塩がある[4]。深層水に大量に含まれる硫酸カルシウムなどのスケールが膜の目詰まり（ファウリング）の原因となった。そのため，細孔径の比較的大きいNF膜で，イオン径の大きいイオンを前処理（95%の硫酸イオンを除去）することにより，スケールを予防することができた。**図13-7**に膜分離法を用いた深層水の濃縮と脱塩のプロセスを示す。

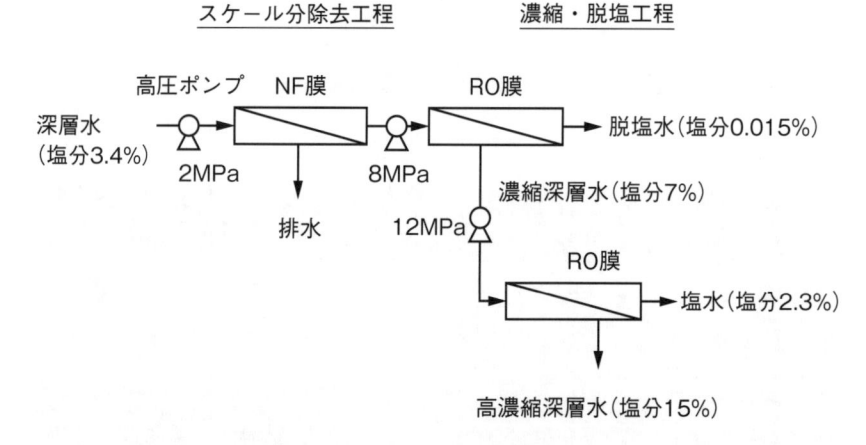

図13-7　膜分離法を用いた深層水の濃縮と脱塩のプロセス[6]

問題 13.1　海水淡水化プロセス

3.5 wt%（$C_F=0.035$）の海水を逆浸透膜淡水化モジュールにより塩濃度を日本の飲料水基準である0.01 wt%（$C_P=0.0001$）にしたい。海水の逆浸透膜淡水化モジュールへの供給速度は10,000 m³ day⁻¹である。阻止率Rを0.9995としたときの，透過液および濃縮液の流出速度（Q_PとQ_R）[m³ day⁻¹]と濃縮液中の塩濃度C_Rを求めなさい。**図13-8**にプロセスフローを示す。

図中:
阻止率 $R = 1 - \dfrac{C_P Q_P}{C_F Q_F} = 0.9995$

濃縮液
流量 $Q_R = ?$
塩濃度 $C_R = ?$

供給液
流量 $Q_F = 10{,}000\,\mathrm{m^3 day^{-1}}$
塩濃度 $C_F = 0.035$

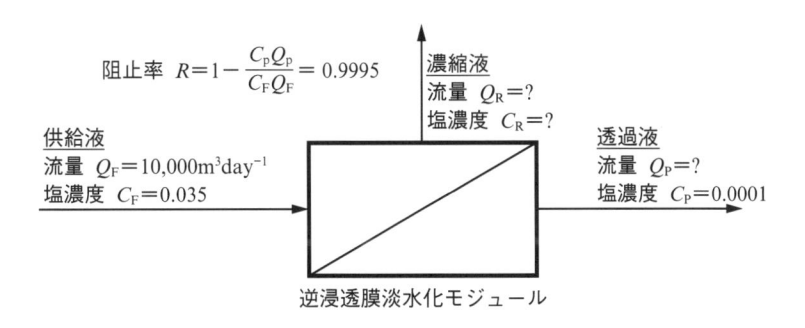

透過液
流量 $Q_P = ?$
塩濃度 $C_P = 0.0001$

逆浸透膜淡水化モジュール

図 13-8　海水淡水化プロセスフロー

解説

定常状態における流量の収支は次式で与えられる。

$$Q_F = Q_R + Q_P \tag{13.3}$$

塩の物質収支は次式で与えられる。

$$C_F Q_F = C_R Q_R + C_P Q_P \tag{13.4}$$

阻止率の式は次式で与えられる。

$$R = \frac{C_R Q_R}{C_F Q_F} = 1 - \frac{C_P Q_P}{C_F Q_F} \tag{13.5}$$

未知数を求める場合，未知数と同数の方程式があればよいので，式(13.3)，(13.4)，(13.5)を用いることにより決定できる。

式(13.3)を残余関数に変形すると次のようになる。

$$0 = Q_R + Q_P - Q_F \tag{13.6}$$

式(13.4)も同様に残余関数の形に変形すると次のようになる。

$$0 = C_R Q_R + C_P Q_P - C_F Q_F \tag{13.7}$$

式(13.5)の残余関数は次のようになる。

$$0 = 1 - \frac{C_P Q_P}{C_F Q_F} - R \tag{13.8}$$

Excelの「ソルバー」を用いて，式(13.6)，(13.7)，(13.8)を満たすような Q_P と Q_R と C_R を求める。

Excelによる計算

① 式(13.3)より，Q_R と Q_P には Q_F の半分の値である「5000」の数値をそれぞれ初期値として用いる。セル[F3]に Q_R の初期値「5000」の数値を入力し，セル[F4]に Q_P の初期値「5000」の数値を入力する。

② C_R は，海水の塩が濃縮されているはずなので，C_F より値が大きくなっているはずである。C_F より少し値の大きい「0.04」の数値を C_R の初期値として用いる。

13 膜分離

セル[F5]にC_Rの初期値「0.04」の数値を入力する。

③ セル[H3]に残余関数である式(13.6)「＝F3+F4−C3」を入力する。

④ セル[H4]に残余関数である式(13.7)「＝F5*F3+C5*F4−C4*C3」を入力する。

⑤ セル[H5]に残余関数である式(13.8)「＝1−C5*F4/(C4*C3)−C6」を入力する。

⑥ 「ソルバー」を起動し，「目的セル」として残余関数が入力されているセル[H3]を選択する。実際にはセル[H3, H4, H5]のどの残余関数を選択してもよい。「目的セル」には1つしかセルを指定できないため，ここではセル[H3]を「目的セル」として選択し，残りの残余関数は「制約条件」として後で設定する。

⑦ 残余関数は値が「0」となるべき式なので，「目標値」には「値」を選択し，値として「0」を入力する（図13-9参照）。

図13-9　目標値の設定

⑧ Q_RとQ_PとC_Pの値を変化させることにより，セル[H3, H4, H5]の値を式(13.6), (13.7), (13.8)のように「0」にしたいので，「変化させるセル」にはQ_RとQ_PとC_Pの初期値が入力されているセル[F3, F4, F5]を選択する。

⑨ 手順⑥では「目的セル」として1つのセルしか選択できなかったため，「制約条件」として「セル[H4, H5]に入力した残余関数の値が「0」となる」という条件を追加する。

⑩ 「制約条件」の追加は，「ソルバー」の「制約条件」の欄にある「追加」ボタン

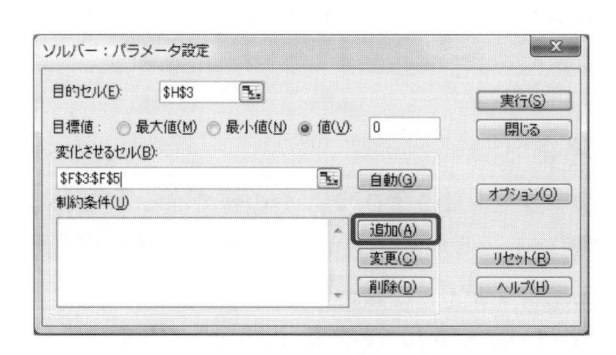

図13-10　制約条件の追加

13.5 膜分離法の問題点―問題 13.1 海水淡水化プロセス

をクリックすることにより行う（**図 13-10**）。

⑪　**図 13-11** のように，「セル参照」の欄にはセル[H4]を選択し，図中の@では「＝」を選択し，「制約条件」には「0」の数値を入力する。入力後「OK」を押すと**図 13-12** のようなエラーが表示される。これは Excel 2003 日本語版のバグであり，間違った操作をしたわけではないので気にする必要はない。図 13-12 の画面で「OK」を押すと図 13-11 の画面に戻るが，一度「OK」を押してあるので，もうすでに「制約条件」として入力されている。図 13-11 の画面に戻ってきたら「キャンセル」を押す。**図 13-13** に示すように「制約条件」の欄に先ほど入力した「制約条件」が正常に追加されていることがわかる。ちなみに，このバグは Excel 2007 では直されている。

「＝」，「＜＝」，「＞＝」は，数学の等号と不等号を表す
「区間」は制約条件式左辺の値が「整数」であることを指定する
「データ」は制約条件式左辺が「0」，「1」のバイナリデータであることを指定する

図 13-11　制約条件の入力

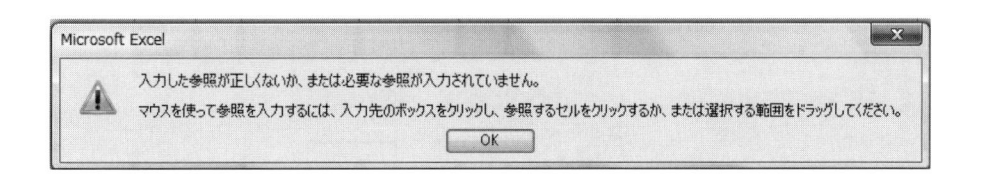

図 13-12　Excel のエラーメッセージ（Excel 2003 日本語版のみのバグ）

図 13-13　最終的なソルバーの設定画面

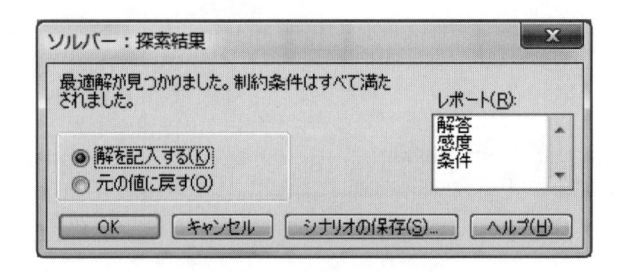

⑫ 制約条件の追加の際に図13-11の画面で「OK」のボタンではなく，「追加」をクリックすると，次の制約条件の追加の画面が表示される。ここで，「キャンセル」をクリックすると，図13-12のようなエラーメッセージを出さずに，制約条件を追加することができる。

⑬ 「実行」のボタンをクリックすると，計算が始まり，収束解が得られた場合，**図13-14** に示す画面が表示される。「OK」をクリックすると，計算結果が表示される。**図13-15** に問題の解答を示す。ちなみに，セル[H3]は0となっているが，セル[H4]は「6.755E-08」と表示されている。残余関数の値は「0」に近ければ良いので，「値」がプラスでもマイナスでも絶対値が非常に「0」に近ければ収束したといえる。解として $Q_R=8,250\,\mathrm{m^3 day^{-1}}$，$Q_P=1,750\,\mathrm{m^3 day^{-1}}$，$C_R=0.0424$ が得られる。

図13-14 計算結果の表示

	A	B	C	D	E	F	G	H	I
1									
2		既知数			未知数			残余関数	
3		Q_F [m³ day⁻¹]	10000		Q_R [m³ day⁻¹]	8250		0	$0 = Q_R + Q_P - Q_F$
4		C_F [-]	0.035		Q_P [m³ day⁻¹]	1750		6.755E-08	$0 = C_R Q_R + C_P Q_P - C_F Q_F$
5		C_P [-]	0.0001		C_R [-]	0.042403		0.00E+00	$0 = 1 - (C_P Q_P / (C_F Q_F)) - R$
6		R	0.9995						

図13-15 問題の解答

<参考文献>

1) 化学工学会高等教育委員会編，『はじめての化学工学　プロセスから学ぶ基礎』，丸善（2007）
2) 旭化成(株)提供
3) 川瀬義矩，『環境問題を解く化学工学』，化学工業社（2001）
4) 和田洋六，『図解入門　よくわかる最新水処理技術の基本と仕組み』，秀和システム（2008）
5) 沖縄県企業局提供
6) 富山県工業技術センターホームページ

第14章

オゾン処理 [常微分方程式の解法]

14.1 オゾン処理法

オゾン（O_3）は次にあげるような特徴を持っている。
- オゾンは，過酸化水素や塩素よりも酸化力が強い。
- 水中で化学的に不安定なため，処理後の水に残留しない。
- 有機塩素化合物を生成しない。
- 殺菌，消毒に用いられる。
- 排水の脱色や有機汚染物質の除去などに用いられる。

オゾンは，溶存有機汚染物質の2重結合や3重結合などの電子密度の高い不飽和結合部と付加反応することにより酸化分解する。不飽和結合を多く持つ物質には，難生物分解性のものが多い。そのため，オゾン処理は，生分解による除去が主な活性汚泥法では分解できないような難生分解性の排水を処理するのに適している。

14.2 高度浄水処理技術

排水中の有機汚染物質をオゾンにより酸化分解すると，オゾンにより化学結合が切られるため有機汚染物質が低分子化する。第11章吸着で説明したが，大きい分子が排水中に含まれていると，活性炭の細孔を塞いでしまうため吸着は効果的ではない。オゾン処理を活性炭吸着処理と組み合わせると，有機汚染物質除去効果が促進される。この技術は高度浄水処理技術の1つで，いくつかの水道局で実用化されている。通常の浄水処理（沈澱，ろ過，塩素による消毒など）では，カビ臭の原因となる物質や，カルキ臭のもととなるアンモニア態窒素などを十分に除去できなかったが，この高度

14 オゾン処理［常微分方程式の解法］

浄水処理技術の導入により，カビ臭などがない高品質な水が供給できるようになった。高度浄水処理施設プロセスの例を**図 14-1** に示す。

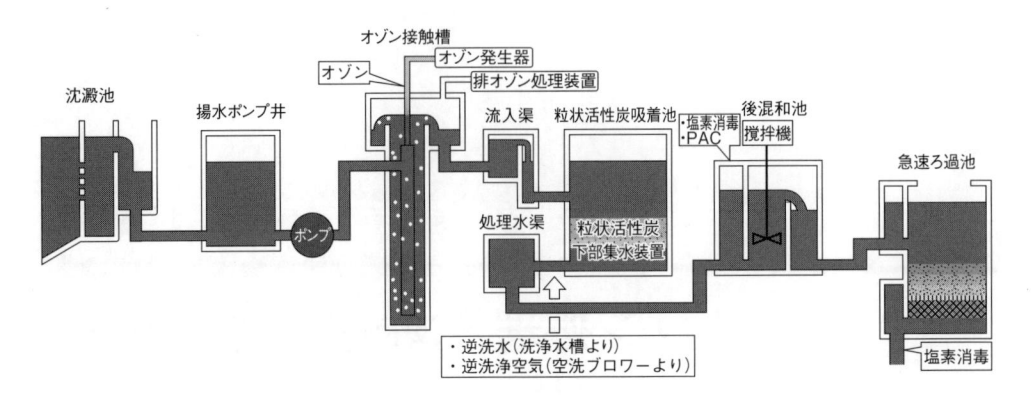

図 14-1　高度浄水処理施設プロセスフロー[1]

14.3　オゾン酸化分解反応

オゾンによる排水中の有機汚染物質の酸化分解反応は，一般に有機汚染物質濃度に対しての 1 次反応速度式に従うことが多い。1 次反応速度式は次のように書かれる。

$$\frac{dC}{dt} = -kC \tag{14.1}$$

t は時間，k は反応速度定数，C は有機汚染物質濃度を表す。式(14.1)を積分すると次式を得る。

$$\ln\left(\frac{C}{C_0}\right) = -kt \tag{14.2}$$

式(14.1)，(14.2)は分解反応の速度式（濃度が減少する）であるため「−：マイナス」がついている。反応速度定数は，排水中の溶存オゾン濃度や温度などの関数である。

問題 14.1　オゾン処理装置の設計

初期 COD 濃度 $C_0 = 10\,\mathrm{mg\,L^{-1}}$ の排水のサンプルを，オゾンにより 3 時間処理を行った結果，$5.5\,\mathrm{mg\,L^{-1}}$ にまで分解していた。このデータをもとに，オゾン処理プラントの設計を行いたい。排水の流量 Q は $3\,\mathrm{m^3\,h^{-1}}$，COD 濃度 C_in が $8\,\mathrm{mg\,L^{-1}}$ である。オゾン処理により処理水の COD 濃度 C_out を $3\,\mathrm{mg\,L^{-1}}$ にしたいとき，オゾン処理装置の体積 $V\,[\mathrm{m^3}]$ を求めなさい（**図 14-2**）。また，オゾン消費量/COD 減少量比 $E_\mathrm{O_3/COD}$ を $2.5\,\mathrm{mg\text{-}O_3\,(mg\text{-}COD)^{-1}}$，入口オゾン濃度 $Y_\mathrm{O_3}$ を $110\,\mathrm{mg\,L^{-1}}$，オゾン使用率 R を 0.6

としたとき，必要なオゾンガス流量 $Q_{O_3}[\mathrm{m^3\,h^{-1}}]$ を求めなさい。

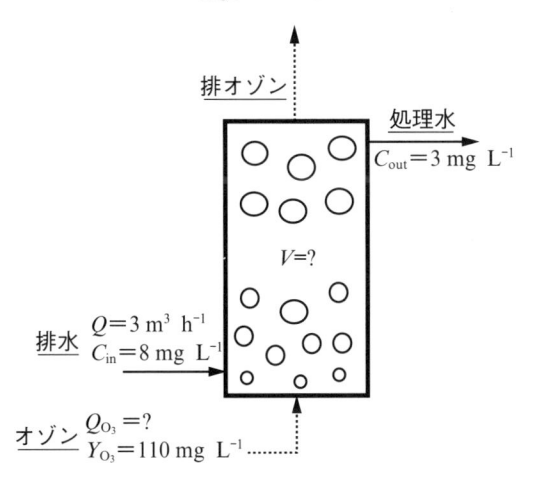

図14-2 気泡塔オゾン処理装置（連続操作）

解 説

実験データを使って，式(14.2)より反応速度定数 k を求める。

$$k = -\frac{\ln\left(\dfrac{C_t}{C_0}\right)}{t} = -\frac{\ln\left(\dfrac{5.5}{10}\right)}{3} = 0.2\,\mathrm{h^{-1}} \tag{14.3}$$

オゾン処理プラントで C_{in} を C_{out} にまで分解するのに必要な時間（滞留時間）は

$$t = -\frac{\ln\left(\dfrac{C_{\mathrm{out}}}{C_{\mathrm{in}}}\right)}{k} = -\frac{\ln\left(\dfrac{3}{8}\right)}{0.2} = 4.92\,\mathrm{h} \tag{14.4}$$

それゆえ，オゾン処理槽体積 V は，

$$V = Q\theta = 3 \times 4.92 = 14.8\,\mathrm{m^3} \tag{14.5}$$

と求められる。

オゾン消費量 m は，分解したCODの量とオゾン消費量/COD減少量比の値から次のように求められる。

$$\begin{aligned}
m &= (C_{\mathrm{in}} - C_{\mathrm{out}}) Q E_{O_3/\mathrm{COD}} \\
&= (8\,\mathrm{mg\,L^{-1}} - 3\,\mathrm{mg\,L^{-1}}) \times 3\,\mathrm{m^3\,h^{-1}} \times \frac{1{,}000\,\mathrm{L}}{1\,\mathrm{m^3}} \times 2.5 \\
&= 37{,}500\,\mathrm{mg\,h^{-1}}
\end{aligned} \tag{14.6}$$

オゾン消費量（式(14.7)の左辺）とオゾン供給量（式(14.7)の右辺）との収支を取ると，

14 オゾン処理［常微分方程式の解法］

$$m = RY_{O_3}Q_{O_3} \tag{14.7}$$

式(14.7)をオゾン流量についての式に変形して計算すると，

$$Q_{O_3} = m/(RY_{O_3}) = 37,500 \text{ mg h}^{-1} / \left(0.6 \times 110 \text{ mg L}^{-1} \times \frac{1,000 \text{ L}}{1 \text{ m}^3}\right)$$

$$= 0.57 \text{ m}^3 \text{ h}^{-1} \tag{14.8}$$

となる。

> **Excelによる計算**

① セル[F7]に反応速度定数を求めるための式(14.3)「=−LN(F4/F3)/F5」を入力する。
② セル[C9]に滞留時間を求めるための式(14.4)「=−LN(C4/C3)/F7」を入力する。
③ セル[C10]にオゾン処理槽体積を求めるための式(14.5)「=C2*C9」を入力する。
④ セル[C11]にオゾン消費量を求めるための式(14.6)「=(C3−C4)*C2*1000*C5」を入力する。
⑤ セル[C12]にオゾン流量を求めるための式(14.8)「=C11/C6/1000/C7」を入力する。
⑥ 図14-3に問題の解答を示す。

	A	B	C	D	E	F
1						
2		流量 Q [m^3 h^{-1}]	3		予備実験	
3		入口COD濃度 C_{in} [mg L^{-1}]	8		初期COD濃度 C_0 [mg L^{-1}]	10
4		処理水のCOD濃度 C_{out} [mg L^{-1}]	3		3時間後のCOD濃度 C_t [mg L^{-1}]	5.5
5		オゾン消費量／COD減少量 $E_{O_3/COD}$ [mg-O$_3$ (mg-COD)$^{-1}$]	2.5		経過時間 t [h]	3
6		入口オゾン濃度 Y_{O_3} [mg L^{-1}]	110			
7		オゾン使用率 R [-]	0.6		反応速度定数 k [h^{-1}]	0.199279
8						
9		滞留時間 θ [h]	4.921889671			
10		オゾン処理槽体積 V [m^3]	14.76566901			
11		オゾン消費量 m [mg h^{-1}]	37500			
12		オゾン流量 Q_{O_3} [m^3 h^{-1}]	0.57			

図14-3　問題14.1の解答

14.4　オゾン酸化分解反応のシミュレーション

オゾン酸化分解反応のシミュレーションを行う場合，プロセスが連続式か回分式かにより，オゾン酸化装置内のCOD濃度（汚染物質濃度）変化を求める式が変わる。
連続式では排水の流入と流出があるため，装置内のCOD濃度変化 C は次の1階常

14.4 オゾン酸化分解反応のシミュレーション―問題14.2 回分操作オゾン処理プロセスのシミュレーション

微分方程式を解くことにより求められる(装置内は完全混合と仮定する)。

$$\frac{dC}{dt} = \frac{QC_{in}}{V} - \frac{QC}{V} - kC \tag{14.9}$$

式(14.9)の右辺の第1項目は装置への流入,第2項目は装置外への流出,第3項目は装置内でのオゾンによる酸化分解を表す。回分操作の場合は,酸化処理中の排水の流入と流出がない($Q=0$)ため,1階常微分方程式である反応速度式(14.1)を解く。

微分方程式が簡単な場合は,方程式を積分して解析解を得られるが,複雑な微分方程式では解析解を求められない場合がある。解析解を求めることが困難または不可能な場合は,微分方程式を数値的に解く方法が用いられる(数値計算という)。微分方程式を数値的に解く方法の中で,最も簡単なものがオイラー法である。オイラー法では $dC=\Delta C$, $dt=\Delta t$ という近似により微分方程式を解く(dC は無限小の濃度変化を表し,ΔC は有限の微小な濃度変化量を表す)。なお,常微分方程式の解法としてはルンゲ・クッタ法が広く使用されている。ルンゲ・クッタ法については『Excel で学ぶ化学工学』(吉川英見,川瀬義矩,化学工業社,2005)などを参照されたい。

問題14.2 回分操作オゾン処理プロセスのシミュレーション

回分式オゾン酸化分解装置による汚染物質の分解にともなう COD 濃度の時間変化をシミュレーションしなさい。問題14.1と同様の擬一次反応速度定数が用いられると仮定し,初期 COD 濃度 C_0 を 10 mg L^{-1} としなさい。

解 説

回分式オゾン酸化分解装置による汚染物質の分解は,式(14.1)で表すことができる。式(14.1)の解析解は式(14.2)であるが,ここでは数値計算により式(14.1)を解く。

オイラー法を用いると,式(14.1)は次のように書きかえられる。

$$\frac{dC}{dt} \approx \frac{\Delta C}{\Delta t} = -kC \tag{14.10}$$

この式を変形すると,

$$\Delta C = -kC\Delta t \tag{14.11}$$

ΔC は時間が Δt 経過した時の濃度の変化量を表すことから,Δt 後の装置内の COD 濃度 $C_{t+\Delta t}$ は

$$C_{t+\Delta t} = C + \Delta C = C + (-kC\Delta t) \tag{14.12}$$

となる。

式(14.11)により ΔC を求め,式(14.12)により Δt 後の装置内の COD 濃度 $C_{t+\Delta t}$ を求める。$C_{t+\Delta t}$ を C として,式(14.11)により ΔC を求め,式(14.12)により Δt 後の装置内の COD 濃度 $C_{t+\Delta t}$ を求める。以上を繰り返すことにより,COD 濃度の時間変

14 オゾン処理［常微分方程式の解法］

化を計算できる。オイラー法では時間 t における COD 濃度 C を用いて Δt 間の濃度変化を計算するため，Δt を小さく設定するほど精確な解を求めることができる。ここでは，式(14.1)の解析解である式(14.2)を用いた解と，オイラー法で求めた解を比較して計算の刻み幅 Δt の影響を調べてみる。

Excel による計算

① セル［C 6］に Δt の値を入力する。ここでは「0.1」を用いた。
② セル［E 4］に初期の時刻として「0」を入力する。
③ セル［F 4］に初期 COD 濃度として「10」を入力する。もしくは，初期 COD 濃度が入力されているセル［C 3］を参照する式「＝C 3」を入力する。
④ セル［E 5］に Δt 後の時刻を求めるための式「＝E 4＋＄C＄6」を入力する。
⑤ セル［E 6–E 54］にセル［E 5］の式をオートフィルして，時間を求めるための式をそれぞれ入力する。
⑥ セル［F 5］に Δt 後の COD 濃度を求めるための式(14.12)「＝F 4＋（－＄C＄4*F 4*＄C＄6）」を入力する。
⑦ セル［F 6–F 54］にセル［F 5］の式をオートフィルして，各時間における COD 濃度を求めるための式をそれぞれ入力する。
⑧ セル［H 4］に初期の時刻として「0」を入力する。
⑨ セル［H 5］に Δt 後の時刻を求めるための式「＝H 4＋＄C＄6」を入力する。
⑩ セル［H 6–H 54］にセル［H 5］の式をオートフィルして，時間を求めるための式をそれぞれ入力する。
⑪ セル［I 4］に解析解である式(14.2)を用いて，各時間における COD 濃度を求めるための式「＝＄C＄3*EXP（－＄C＄4*H 4）」を入力する。
⑫ セル［I 5–I 54］にセル［I 4］の式をオートフィルして，各時間における COD 濃度を求めるための式をそれぞれ入力する。
⑬ オイラー法での解と，解析解での解を比べるために，グラフを作成する（第9章ろ過の問題 10.1 の手順①〜㉚参照）。
⑭ 図 14–4 に問題の解答を示す。
⑮ 本問題で用いた Δt の値（0.1）では，オイラー法と解析解の答えはほぼ一致することがわかる（図 14.4）。セル［C 6］に入力されている Δt の値を「0.1」から「1」に変えると，図 14–5 に示すようにオイラー法と解析解の答えが一致しなくなる。さらに Δt を大きくすることにより，オイラー法での解は解析解とさらにずれる。Δt を「0.1」からさらに小さくした場合，解析解により一致するようになるが，「0.1」でも解析解の値と十分一致しているため，本問題では Δt の値は「0.1」が適当であることがわかる。

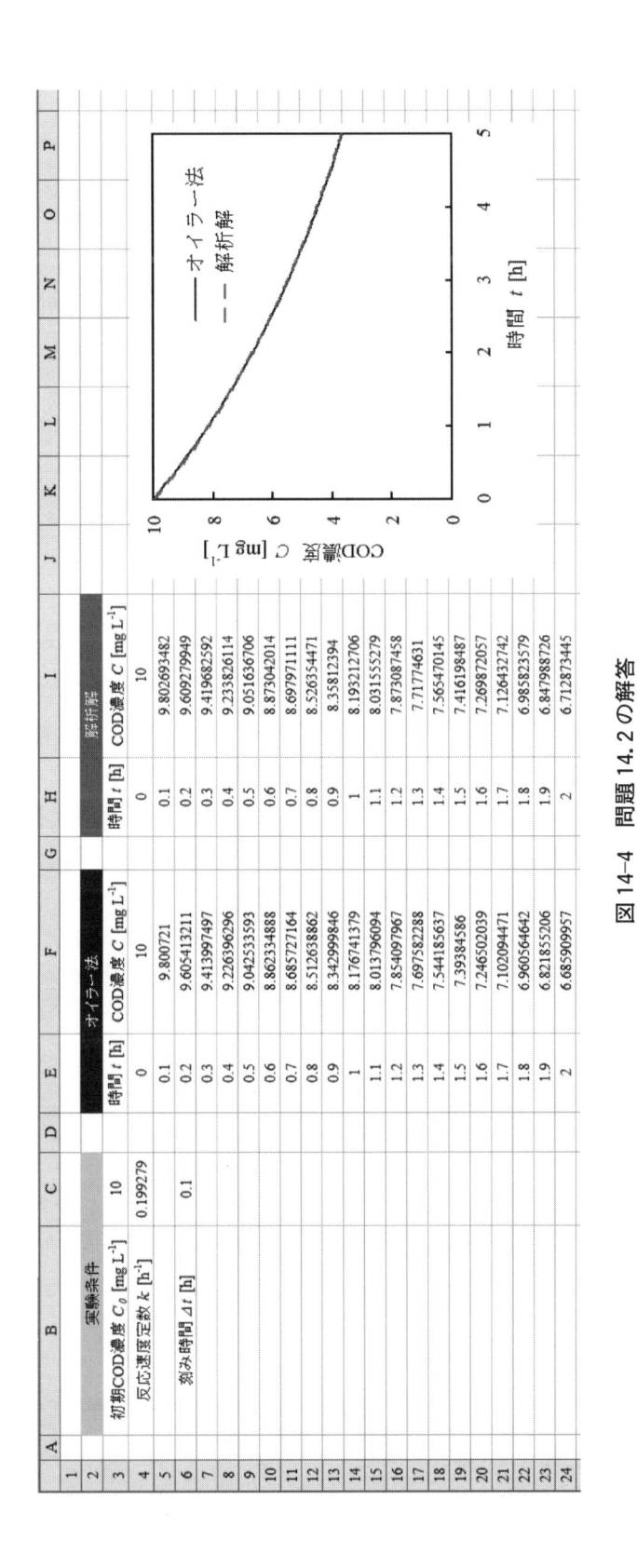

14.4 オゾン酸化分解反応のシミュレーション――問題 14.2 回分操作オゾン処理プロセスのシミュレーション

	A	B	C	D	E	F	G	H	I
1									
2		実験条件				オイラー法		解析解	
3		初期COD濃度 C_0 [mg L^{-1}]	10		時間 t [h]	COD濃度 C [mg L^{-1}]		時間 t [h]	COD濃度 C [mg L^{-1}]
4		反応速度定数 k [h^{-1}]	0.199279		0	10		0	10
5					0.1	9.800721		0.1	9.802693482
6		刻み時間 Δt [h]	0.1		0.2	9.605413211		0.2	9.609279949
7					0.3	9.413997497		0.3	9.419682592
8					0.4	9.226396296		0.4	9.233826114
9					0.5	9.042533593		0.5	9.051636706
10					0.6	8.862334888		0.6	8.873042014
11					0.7	8.685727164		0.7	8.697971111
12					0.8	8.512638862		0.8	8.526354471
13					0.9	8.342999846		0.9	8.35812394
14					1	8.176741379		1	8.193212706
15					1.1	8.013796094		1.1	8.031555279
16					1.2	7.854097967		1.2	7.873087458
17					1.3	7.697582288		1.3	7.71774631
18					1.4	7.544185637		1.4	7.565470145
19					1.5	7.39384586		1.5	7.416198487
20					1.6	7.246502039		1.6	7.269872057
21					1.7	7.102094471		1.7	7.126432742
22					1.8	6.960564642		1.8	6.985823579
23					1.9	6.821855206		1.9	6.847988726
24					2	6.685909957		2	6.712873445

図 14-4 問題 14.2 の解答

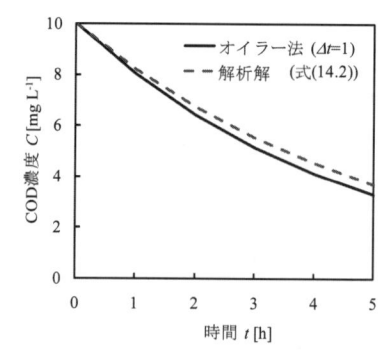

図14-5 $\Delta t=1$ h にした場合の計算結果と解析解の比較

<参考文献>

1）福岡市水道局ホームページ，http://www.city.fukuoka.lg.jp/mizu/tatara/0063.html

資料・解説

■オゾンの酸化力

オゾンは下の表に示すとおり強い酸化力を持っており，その酸化力により有機物を分解する。酸性領域（pH＜7）では，オゾン自体の強い酸化力による直接酸化がおもに起こる。一方，アルカリ性領域（pH＞7）では，水酸化物イオン濃度が高いため，酸化力の強いヒドロキシラジカルが生成し，それによる酸化分解が起こると考えられている。オゾンは有機物の分解のみではなく，Fe^{2+}イオンを酸化してFe^{3+}に変えることにより水和，凝集，沈澱させて除鉄することができる。また，Mn^{2+}イオンの場合は，オゾン酸化によりMn^{4+}となり不溶性の二酸化マンガン（MnO_2）になり除マンガンができる。

酸化剤	酸化還元電位 [V]
フッ素（F_2）	2.87
ヒドロキシラジカル（・OH）	2.85
原子酸素（O）	2.42
オゾン（O_3）	2.07
過酸化水素（H_2O_2）	1.78
ヒドロペルオキシラジカル（HOO・）	1.70
過マンガン酸イオン（MnO_4^-）	1.70
次亜塩素酸（HClO）	1.63
塩素（Cl_2）	1.40
重クロム酸イオン（$Cr_2O_7^{2-}$）	1.33
酸素（O_2）	1.23

・酸化剤の酸化還元電位（ORP：酸化剤の酸化還元電位（酸化しやすいか還元しやすいかを表す指標。プラスの数値が大きいほど酸化する能力（酸化力）が大きく，マイナスの値が大きいほど還元する能力（還元力）が大きいことを表す）

（川瀬義矩，『はじめての脱臭技術』，工業調査会（2009）より）

付録—1

■ 水道水質基準 ■

水質基準項目と基準値（50 項目）

水道水は，水道法第 4 条の規定に基づき，「水質基準に関する省令」で規定する水質基準に適合することが必要である。

付表-1

項　目	基　準	項　目	基　準
一般細菌	1 mL の検水で形成される集落数が 100 以下	総トリハロメタン	0.1 mg/L 以下
大腸菌	検出されないこと	トリクロロ酢酸	0.2 mg/L 以下
カドミウムおよびその化合物	カドミウムの量に関して，0.01 mg/L 以下	ブロモジクロロメタン	0.03 mg/L 以下
水銀およびその化合物	水銀の量に関して，0.0005 mg/L 以下	ブロモホルム	0.09 mg/L 以下
セレンおよびその化合物	セレンの量に関して，0.01 mg/L 以下	ホルムアルデヒド	0.08 mg/L 以下
鉛およびその化合物	鉛の量に関して，0.01 mg/L 以下	亜鉛およびその化合物	亜鉛の量に関して，1.0 mg/L 以下
ヒ素およびその化合物	ヒ素の量に関して，0.01 mg/L 以下	アルミニウムおよびその化合物	アルミニウムの量に関して，0.2 mg/L 以下
六価クロム化合物	六価クロムの量に関して，0.05 mg/L 以下	鉄およびその化合物	鉄の量に関して，0.3 mg/L 以下
シアン化物イオンおよび塩化シアン	シアンの量に関して，0.01 mg/L 以下	銅およびその化合物	銅の量に関して，1.0 mg/L 以下
硝酸態窒素および亜硝酸態窒素	10 mg/L 以下	ナトリウムおよびその化合物	ナトリウムの量に関して，200 mg/L 以下
フッ素およびその化合物	フッ素の量に関して，0.8 mg/L 以下	マンガンおよびその化合物	マンガンの量に関して，0.05 mg/L 以下
ホウ素およびその化合物	ホウ素の量に関して，1.0 mg/L 以下	塩化物イオン	200 mg/L 以下
四塩化炭素	0.002 mg/L 以下	カルシウム，マグネシウム等（硬度）	300 mg/L 以下
1,4-ジオキサン	0.05 mg/L 以下	蒸発残留物	500 mg/L 以下
シス-1,2-ジクロロエチレンおよびトランス-1,2-ジクロロエチレン	0.04 mg/L 以下	陰イオン界面活性剤	0.2 mg/L 以下
ジクロロメタン	0.02 mg/L 以下	ジェオスミン	0.00001 mg/L 以下
テトラクロロエチレン	0.01 mg/L 以下	2-メチルイソボルネオール	0.00001 mg/L 以下
トリクロロエチレン	0.03 mg/L 以下	非イオン界面活性剤	0.02 mg/L 以下
ベンゼン	0.01 mg/L 以下	フェノール類	フェノールの量に換算して，0.005 mg/L 以下
塩素酸	0.6 mg/L 以下	有機物（全有機炭素（TOC）の量）	3 mg/L 以下
クロロ酢酸	0.02 mg/L 以下	pH 値	5.8 以上 8.6 以下
クロロホルム	0.06 mg/L 以下	味	異常でないこと
ジクロロ酢酸	0.04 mg/L 以下	臭気	異常でないこと
ジブロモクロロメタン	0.1 mg/L 以下	色度	5 度以下
臭素酸	0.01 mg/L 以下	濁度	2 度以下

水質管理目標設定項目と目標値（28項目129物質）

水道水中での検出の可能性があるなど，水質管理上留意すべき項目

付表-2

項　目	目　標　値	項　目	目　標　値
アンチモンおよびその化合物	アンチモンの量に関して，0.015 mg/L 以下	カルシウム，マグネシウム等（硬度）	10 mg/L 以上 100 mg/L 以下
ウランおよびその化合物	ウランの量に関して，0.002 mg/L 以下（暫定）	マンガンおよびその化合物	マンガンの量に関して，0.01 mg/L 以下
ニッケルおよびその化合物	ニッケルの量に関して，0.01 mg/L（暫定）	遊離炭酸	20 mg/L 以下
亜硝酸態窒素	0.05 mg/L 以下（暫定）	1,1,1-トリクロロエタン	0.3 mg/L 以下
1,2-ジクロロエタン	0.004 mg/L 以下	メチル-t-ブチルエーテル	0.02 mg/L 以下
1,1,2-トリクロロエタン	0.006 mg/L 以下	有機物等（過マンガン酸カリウム消費量）	3 mg/L 以下
トルエン	0.2 mg/L 以下	臭気強度（TON）	3 以下
フタル酸ジ(2-エチルヘキシル)	0.1 mg/L 以下	蒸発残留物	30 mg/L 以上 200 mg/L 以下
亜塩素酸	0.6 mg/L 以下	濁度	1 度以下
二酸化塩素	0.6 mg/L 以下	pH 値	7.5 程度
ジクロロアセトニトリル	0.01 mg/L 以下（暫定）	腐食性（ランゲリア指数）	−1 程度以上とし，極力 0 に近づける
抱水クロラール	0.02 mg/L 以下（暫定）	従属栄養細菌	1 ml の検水で形成される集落数が 2,000 以下（暫定）
農薬類	検出値と目標値の比の和として，1 以下	1,1-ジクロロエチレン	0.1 mg/L 以下
残留塩素	1 mg/L 以下	アルミニウムおよびその化合物	アルミニウムの量に関して，0.1 mg/L 以下

要検討項目と目標値（44項目）

毒性評価が定まらないことや，浄水中の存在量が不明等の理由から水質基準項目，水質管理目標設定項目に分類できない項目

付表-3

項　目	目標値 [mg/L]	項　目	目標値 [mg/L]
銀	—	1,3-ブタジエン	—
バリウム	0.7	フタル酸ジ（n-ブチル）	0.2（暫定）
ビスマス	—	フタル酸ブチルベンジル	0.5（暫定）
モリブデン	0.07	ミクロキスチン-LR	0.0008（暫定）
アクリルアミド	0.0005	有機すず化合物	0.0006(暫定)(TBTO)
アクリル酸	—	ブロモクロロ酢酸	—
17-β-エストラジオール	0.00008（暫定）	ブロモジクロロ酢酸	—
エチニル-エストラジオール	0.00002（暫定）	ジブロモクロロ酢酸	—
エチレンジアミン四酢酸(EDTA)	0.5	ブロモ酢酸	—
エピクロロヒドリン	0.0004（暫定）	ジブロモ酢酸	—
塩化ビニル	0.002	トリブロモ酢酸	—
酢酸ビニル	—	トリクロロアセトニトリル	—
2,4-ジアミノトルエン	—	ブロモクロロアセトニトリル	—
2,6-ジアミノトルエン	—	ジブロモアセトニトリル	0.06
N,N-ジメチルアニリン	—	アセトアルデヒド	—
スチレン	0.02	MX	0.001
ダイオキシン類	1 pgTEQ/L(暫定)	クロロピクリン	—
トリエチレンテトラミン	—	キシレン	0.4
ノニルフェノール	0.3（暫定）	過塩素酸	—
ビスフェノール A	0.1（暫定）	パーフルオロオクタンスルホン酸（PFOS）	—
ヒドラジン	—	パーフルオロオクタン酸（PFOA）	—
1,2-ブタジエン	—	N-ニトロソジメチルアミン（NDMA）	—

付録―2

■ 排水の水質基準 ■

特定施設（工場など）からの排出される水の水質の基準については水質汚濁防止法（環境省）がある。

付表-4　排水の水質基準

健康項目，（ ）の数値は水質汚濁防止法の基準値	生活環境項目，（ ）の数値は東京都の許容限界
・カドミウムおよびその化合物（0.01 mg/L） ・シアン化合物（検出されない） ・有機リン化合物（検出されない） ・鉛およびその化合物（0.01 mg/L） ・六価クロム化合物（0.05 mg/L） ・ヒ素およびその化合物（0.01 mg/L） ・水銀およびアルキル水銀その他の水銀化合物（0.0005 mg/L） ・ポリ塩化ビフェニル（検出されない） ・トリクロロエチレン（0.03 mg/L） ・テトラクロロエチレン（0.01 mg/L） ・ジクロロメタン（0.02 mg/L） ・四塩化炭素（0.002 mg/L） ・1,2-ジクロロエタン（0.004 mg/L） ・1,1-ジクロロエチレン（0.02 mg/L） ・シス-1,2-ジクロロエチレン（0.04 mg/L） ・1,1,1-トリクロロエタン（1 mg/L） ・1,1,2-トリクロロエタン（0.006 mg/L） ・1,3-ジクロロプロペン（0.002 mg/L） ・チウラム（0.006 mg/L） ・シマジン（0.003 mg/L） ・チオベンカルブ（0.02 mg/L） ・ベンゼン（0.01 mg/L） ・セレンおよびその化合物（0.01 mg/L） ・ホウ素およびその化合物（1 mg/L） ・フッ素およびその化合物（0.8 mg/L） ・アンモニア，アンモニウム化合物，亜硝酸化合物および硝酸化合物（計 10 mg/L）	・水素イオン濃度（pH＝5.8〜8.6） ・生物化学的酸素要求量および化学的酸素要求量（BOD＝160 mg/L（日間平均 120 mg/L），COD＝160 mg/L（日間平均 120 mg/L）） ・浮遊物質量（SS＝200 mg/L（日間平均 150 mg/L）） ・ノルマルヘキサン抽出物質含有量（鉱油 5 mg/L，植物油＝30 mg/L） ・フェノール類含有量（5 mg/L） ・銅含有量（3 mg/L） ・亜鉛含有量（2 mg/L） ・溶解性鉄含有量（10 mg/L） ・溶解性マンガン含有量（10 mg/L） ・クロム含有量（2 mg/L） ・大腸菌群数（日間平均 3000 個/cm^3） ・窒素またはリンの含有量（窒素 120 mg/L（日間平均 60 mg/L），リン 16 mg/L（日間平均 60 mg/L））

さくいん

あ

亜鉛	60
アドイン	120
アレン領域	71
イオン交換	125
塩化第二鉄	64
オゾン	145
汚泥日令	103
オートフィル	37, 112, 129
オプション	27

か

海水淡水化	140
界面活性剤	110
化学吸着	107
撹拌継続時間	66
活性アルミナ	107
活性汚泥法	101
活性炭	107
過マンガン酸カリウム	53
緩速ろ過	100
緩衝溶液	35
干渉沈降	72
規定度	55
急速ろ過	100
吸着	107
吸着剤	107
凝集	62
凝集剤	62, 64
凝集槽	63, 65
凝集沈澱槽	11
凝集沈澱法	60
行列を入れ替える	112
近似曲線の追加	81, 96, 113
グラフウィザード	83
グラフエリアの書式設定	93
グラフオプション	86
グラフの作成場所	86
グラフの種類	83, 118
グラフの挿入	83
グラフの元データ	84
計算方法	28
形式を選択して貼り付け	111
ケークろ過	79

高度浄水処理技術	145
誤差最小二乗法	116
ゴールシーク	23, 29, 61, 66, 73

さ

最終沈澱池	101
最初沈澱池	101
酸解離定数	34
散布図	83
残余関数	51, 141
軸の書式設定	88
軸ラベルの書式設定	95
指数表示	23
自転車塗料排水	60
自由落下終末速度	71
食品工場排水	49
シリカゲル	107
深層水	140
シンプソン則	127
水酸化物イオン濃度	33, 37
水素イオン濃度	33, 37
数式入力セル	25
数式入力モード	14
数値積分法	127
ストークス則	71
制約条件	121, 142
ゼオライト	107
絶対参照	39
接頭語	17
線形化	115
促進酸化	29
ソルバー	116, 141
ソルバーアドイン	120

た

滞留時間	65
単位換算	11
沈降分離	71
沈降分離装置	75
沈澱	59
沈澱槽	46
定圧ろ過	80
データ系列の書式設定	92, 119
鉄イオン除去プロセス	45
電解質	34

電離度 ………………………………………… 34

━━━━━━ な ━━━━━━

ニクロム酸カリウム ……………………… 53
入力モード ……………………………… 13
ニュートン領域 …………………………… 71

━━━━━━ は ━━━━━━

曝気槽 …………………………………… 45, 101
反応速度定数 …………………………… 59, 146
引数 ………………………………………… 42
ファウリング …………………………… 140
フィルタプレス ………………………… 80
フォトフェントン反応 ………………… 29
物質収支 ………………………………… 45
物理吸着 ……………………………… 107
浮遊粒子 ………………………………… 46
フロック ……………………………… 63, 64
プロットエリアの書式設定 …………… 93
プロトン ………………………………… 33
分離限界粒子 …………………………… 75
平衡吸着量 ……………………………… 109
平衡定数 ………………………………… 60
変化させるセル ……………………… 25, 142
変化の最大値 …………………………… 28
飽和濃度 ………………………………… 59
掘削排水 ………………………………… 45

━━━━━━ ま ━━━━━━

膜分離 …………………………………… 135
水のイオン積 …………………………… 34
目的セル ……………………………… 121, 142
目標値 ………………………………… 25, 121

━━━━━━ や ━━━━━━

溶解 ……………………………………… 59
溶解度 …………………………………… 59
溶解度積 ……………………………… 59, 60
溶解度定数 ……………………………… 60
溶存酸素濃度 …………………………… 49

溶媒和 …………………………………… 59
余剰汚泥 ……………………………… 102

━━━━━━ ら ━━━━━━

ラングミュア式 ………………………… 109
リサイクル比 ………………………… 102
理想的水平流型重力沈降装置 ………… 74
硫酸第一鉄 ……………………………… 64
硫酸バンド ……………………………… 64
粒子沈降速度 …………………………… 72
理論 COD 値 …………………………… 53
レイノルズ数 …………………………… 71
ろ過 ……………………………………… 79

━━━━━━ 英数 ━━━━━━

BOD ………………………………… 17, 49
COD ……………………………… 53, 146
Excel 関数 ……………………… 40, 114
F/M 比 ………………………………… 103
G 値 …………………………………… 65
GT 値 ………………………………… 65
IF ……………………………………… 130
INTERCEPT …………………………… 114
ML …………………………………… 102
MLSS ………………………………… 102
MLVSS ……………………………… 102
MOD ………………………………… 130
OLR ………………………………… 103
PAC …………………………………… 64
pH ……………………………………… 33
ppm …………………………………… 21
R-2 乗値 ……………………………… 97
Ruth の定圧ろ過式 …………………… 80
Ruth の定数 …………………………… 80
SI 単位 ………………………………… 11
SLOPE ……………………………… 114
SS ………………………………… 46, 102
SUM ………………………………… 117
SV_{30} ……………………………… 102
SVI …………………………………… 102

【著者紹介】

徳村雅弘（とくむら　まさひろ）
- 学位　東洋大学大学院工学研究科バイオ・応用化学専攻博士後期
　　　　課程修了　博士（工学）
- 経歴　日本学術振興会特別研究員
- 現在　東京大学新領域創成科学研究科特任研究員

川瀬義矩（かわせ　よしのり）
- 学位　早稲田大学大学院応用化学専攻博士課程修了　工学博士
- 経歴　東京都立大学工学部助手，ニューヨーク州立大学バッファ
　　　　ロー校化学研究科工学科客員講師，ウォータールー大学
　　　　（カナダ）生物化学技術研究所特別研究員
- 現在　東洋大学理工学部応用化学科教授

Excel で解く水処理技術

2011 年 4 月 10 日　第 1 版 1 刷発行　　　　ISBN 978-4-501-62620-4 C3058
2012 年 5 月 20 日　第 1 版 2 刷発行

編　者　徳村雅弘・川瀬義矩
　　　　Ⓒ Tokumura Masahiro, Kawase Yoshinori 2011

発行所　学校法人　東京電機大学　　〒120-8551　東京都足立区千住旭町 5 番
　　　　東京電機大学出版局　　　　〒101-0047　東京都千代田区内神田 1-14-8
　　　　　　　　　　　　　　　　　Tel. 03-5280-3433（営業）03-5280-3422（編集）
　　　　　　　　　　　　　　　　　Fax. 03-5280-3563　　振替口座 00160-5-71715
　　　　　　　　　　　　　　　　　http://www.tdupress.jp/

JCOPY ＜（社）出版者著作権管理機構　委託出版物＞
本書の全部または一部を無断で複写複製（コピーおよび電子化を含む）することは，著作権法上での例外を除いて禁じられています。本書からの複写を希望される場合は，そのつど事前に，(社)出版者著作権管理機構の許諾を得てください。また，本書を代行業者等の第三者に依頼してスキャンやデジタル化をすることはたとえ個人や家庭内での利用であっても，いっさい認められておりません。
［連絡先］Tel. 03-3513-6969，Fax. 03-3513-6979，E-mail：info@jcopy.or.jp

印刷：美研プリンティング（株）　製本：渡辺製本（株）　装丁：右澤康之
落丁・乱丁本はお取り替えいたします。　　　　　　　　　　　　　Printed in Japan

本書は，（株）工業調査会から刊行されていた第 1 版 1 刷をもとに，著者との新たな出版契約により東京電機大学出版局から刊行されたものである。